Matthias Böcker

Entwicklungen in der Rasterionenleitfähigkeits-mikroskopie

Matthias Böcker

Entwicklungen in der Rasterionenleitfähigkeits-mikroskopie

und Untersuchungen von porenüberspannenden Lipidmembranen

Südwestdeutscher Verlag für Hochschulschriften

Impressum / Imprint
Bibliografische Information der Deutschen Nationalbibliothek: Die Deutsche Nationalbibliothek verzeichnet diese Publikation in der Deutschen Nationalbibliografie; detaillierte bibliografische Daten sind im Internet über http://dnb.d-nb.de abrufbar.

Bibliographic information published by the Deutsche Nationalbibliothek: The Deutsche Nationalbibliothek lists this publication in the Deutsche Nationalbibliografie; detailed bibliographic data are available in the Internet at http://dnb.d-nb.de.

Verlag / Publisher:
Südwestdeutscher Verlag für Hochschulschriften
ist ein Imprint der / is a trademark of
OmniScriptum GmbH & Co. KG
Heinrich-Böcking-Str. 6-8, 66121 Saarbrücken, Deutschland / Germany
Email: info@svh-verlag.de

Herstellung: siehe letzte Seite /
Printed at: see last page
ISBN: 978-3-8381-1140-7

Zugl. / Approved by: Erlangen, Universität, Diss. 2009

Inhaltsangabe

1 Einleitung **3**

2 Grundlagen der Rasterionenleitfähigkeitsmikroskopie **6**
2.1 Funktionsweise 6
2.2 Experimenteller Aufbau 7
2.3 Nanopipetten 8
2.4 Theorie des Strom-Abstands-Verhaltens 10
2.5 Topographiebestimmungsmethoden 12
2.5.1 Constant-Height-Modus 12
2.5.2 Constant-Current-Modus 13
2.5.3 z-Modulations-Modus 14

3 Experimentelle Überprüfung von theoretischen Modellen **16**
3.1 Vergleich von theoretischen und experimentellen Strom-Abstands-Kurven . 16
3.2 Auflösungsvermögen 21

4 Messungen an lebenden Zellen **26**
4.1 Epithelzellen 27
4.2 Gliazellen 30

5 Modifizierte Abbildungstechniken **33**
5.1 Abstandsregelung mit logarithmierter Amplitude 33
5.1.1 Theoretische Überlegungen 33
5.1.2 Anwendungen 35
5.2 Relativer-Trigger-Modus 39

6 Kombiniertes Rasterionenleitfähigkeitsmikroskop mit Scherkraftabstandskontrolle **42**
6.1 Aufbau des kombinierten Mikroskops 43
6.2 Schwingungsamplitudenverhalten 45
6.3 Abbildung mit Scherkraftabstandskontrolle und komplementärem Ionenstromsignal 48
6.4 Scherkraftabstandskontrolle im z-Modulations-Modus 51
6.5 Dreidimensionales Messverfahren 56
6.6 Vergleich zwischen den z-Modulations-Modi bei der Abstandsregelung über die Scherkräfte und über den Ionenstrom 60

7 Untersuchungen von porenüberspannenden Lipidmembranen 63
7.1 Präparation der Lipidmembranen 64
7.1.1 Poröse Substrate 64
7.1.2 Bildung von porenüberspannenden Lipidmembranen 65
7.1.3 Theorie des Porenüberspannens von Membranen 67
7.2 Messungen von porenüberspannenden Membranen mit dem Rasterkraftmikroskop 70
7.3 Membrandynamik 72
7.3.1 Selbständiges Zerplatzen von porenüberspannenden Membranen . . 73
7.3.2 Nachträgliche Ausbildung von porenüberspannenden Membranen . 76
7.4 Membran-Detergenz-Reaktionen 78
7.5 Membranmanipulation 81
7.6 Membran-Lithographie 85
7.7 Abbildungsmöglichkeit von Proteinen 86
7.8 Ausblick 88

8 Zusammenfassung 91

Literaturverzeichnis 95

1 Einleitung

Die Entwicklung des Rastertunnelmikroskops (englisch: *scanning tunneling microscope*, STM) im Jahre 1982 durch Gerd Binnig und Heinrich Rohrer bedeutete den Beginn einer neuen Ära in der Mikroskopie [Bin82]. Bis zu diesem Zeitpunkt beruhte das Abbildungsprinzip von Mikroskopen im Wesentlichen auf der Verwendung von elektromagnetischen Wellen oder von Elektronenstrahlen. Mit der Erfindung des Rastertunnelmikroskops wurde erstmals eine Sonde in der Form einer sehr feinen Spitze verwendet, um eine Oberfläche punktweise abzurastern. Durch die Abstandsabhängigkeit des Tunnelstroms können lokale Unterschiede in der elektronischen Struktur der untersuchten Probe bestimmt werden bzw. kann die Topographie der Oberfläche abgebildet werden.

In der Folgezeit wurden verschiedene Rastersondenmikroskope entwickelt, bei denen unterschiedliche physikalische Wechselwirkungen zwischen Sonde und Probenoberfläche zur Analyse verwendet werden. Das räumliche Auflösungsvermögen eines Rastersondenmikroskops hängt dabei stark von der geometrischen Form der jeweiligen Sonde ab. Durch die Möglichkeit der Positionierung durch piezoelektrische Aktuatoren können selbst atomare Auflösungen erreicht werden. Das Anwendungsgebiet eines jeden Rastersondenmikroskops wird jedoch durch die Art der Wechselwirkung begrenzt.

Eine besondere Stellung unter den Rastersondenmikroskopen nimmt das Rasterkraftmikroskop ein (englisch: *atomic force microscope*, AFM) [Bin86], welches die Topographie sowohl von leitenden als auch von nicht-leitenden Proben hochauflösend abbilden kann. Das Prinzip des Rasterkraftmikroskops basiert auf der mechanischen Abtastung von Oberflächen. Dabei wird in der Regel als Sonde eine Pyramide mit atomarem Spitzenradius, welche sich am Ende einer Blattfeder befindet, über die Oberfläche gescannt. Atomare Kräfte zwischen Spitze und Probe werden dabei durch die Verbiegung der Blattfeder, gemessen meist mittels optischer Detektion, ermittelt. Zusätzlich zur Topographie können mit dem Rasterkraftmikroskop zahlreiche weitere lokale Eigenschaften, wie zum Beispiel Elastizität [Tao92, Sch03, Rie07], Reibung [Mat87] und Bindungskräfte [Han96] gemessen werden. Besonders die Möglichkeiten einer Anwendung in Flüssigkeiten [Dra89] und einer Kombination mit optischer Mikroskopie macht das Rasterkraftmikroskop interessant für die Untersuchung von biologischen Proben [Han94 a]. Jedoch kann durch die mechanische Wechselwirkung zwischen Sonde und Probe leicht eine Verformung oder Beschädigung der untersuchten Probe verursacht werden, was zum Beispiel zu Fehlern bei der Messung der tatsächlichen Höhe einer Probe führt [Jia04].

Beim Rasterionenleitfähigkeitsmikroskop (englisch: *scanning ion conductance microscope*, SICM), welches 1989 von Hansma *et al.* entwickelt wurde [Han89, Pra90], werden bei der

Untersuchung von Proben hingegen keine mechanischen Wechselwirkungen benötigt. Das Prinzip dieses Mikroskops beruht auf der Messung des Ionenstroms in einem wässrigen Elektrolyten durch eine ebenfalls mit einem Elektrolyten gefüllte Sonde mit einer Öffnung im Nanometerbereich. Als Sonde wird typischerweise eine aus einer Glaskapillaren gezogene Nanopipette verwendet, welche in der Regel eine Öffnung mit einem Durchmesser von weniger als 100 nm besitzt. Da auch biologische Proben häufig von einer elektrolytischen Pufferlösung umgeben sein müssen, eignet sich das Rasterionenleitfähigkeitsmikroskop gut zur Untersuchung solcher Proben, wie beispielsweise lebender Zellen [Kor97 a].

Weiterhin lässt sich das Rasterionenleitfähigkeitsmikroskop mit verschiedenen anderen Rastersondentechniken kombinieren. Zum Beispiel wurde erfolgreich eine Kombination mit dem Rasterkraftmikroskop umgesetzt [Pro96,Sch97]. Bei einer anderen Kombination wurde eine Scherkraftabstandskontrolle eingebaut [Nit97], wie sie auch bei Rasternahfeldmikroskopen (englisch: *scanning near-field optical microscope*, SNOM) verwendet wird [Bet92,Tol92]. In beiden Fällen wird der Ionenstrom parallel zur Topographie aufgezeichnet. Bei einer anderen Kombination wurde eine Verknüpfung des Rasterionenleitfähigkeitsmikroskops mit dem optischen Konfokalmikroskop hergestellt [Kor00 a, Bru02, Gor02 b, Rot03]. In diesem Fall wird jedoch der Ionenstrom zur Bestimmung der Topographie verwendet und es werden zusätzliche optische Informationen gewonnen.

In beiden Fällen wird das Regelsignal zum Scannen aus der jeweiligen Erweiterung ermittelt und der Ionenstrom parallel aufgezeichnet, was neben dem Topographiebild ein unabhängiges Ionenstrombild liefert. Bei einer anderen Variante wurde eine Verknüpfung des Rasterionenleitfähigkeitsmikroskops mit dem Konfokalmikroskop hergestellt [Kor00 a, Bru02, Gor02 b, Rot03]. In diesem Fall wird jedoch der Ionenstrom zur Bestimmung der Topographie verwendet und es werden zusätzliche optische Informationen gewonnen.

Obwohl das Prinzip des Rasterionenleitfähigkeitsmikroskops schon seit 1989 bekannt ist [Han89, Pra90], ist diese Rastersondentechnik bisher vergleichsweise wenig erforscht worden. So dauerte es nach 1990 bis in die Mitte der 1990er Jahre bis weitere vereinzelte Veröffentlichungen erschienen sind, bei der das Mikroskop hauptsächlich zur Untersuchung von biologischen Proben eingesetzt wurde [Pro96,Kor97 a,Kor97 b]. Nach diesen ersten Anwendungen dauerte es bis in das Jahr 2000, bis weitere Arbeiten aus der Gruppe um Y. E. Korchev publiziert wurden [Kor00 a, Kor00 b, Kor00 c]. Seitdem sind regelmäßig Veröffentlichungen erschienen, die jedoch fast alle aus der Gruppe um Y. E. Korchev stammen. Insgesamt beschränkt sich die Anzahl der bisher erschienenen Veröffentlichungen über und mit Rasterionenleitfähigkeitsmikroskopen auf etwa 40. Seit dem Jahr 2006 bietet die Firma *Ionscope* mit dem ICnano weltweit das erste kommerziell erhältliche Mikroskop an. Seit wenigen Monaten ist für das ursprüngliche als Rasterkraftmikroskop entwickelte Gerät XE-Bio der Firma *Park Systems* ein Rasterionenleitfähigkeits-Zusatzmodul erhältlich.

Die Zielsetzung dieser Arbeit war, ein neues Mikroskop für die Untersuchung von freistehenden künstlichen Lipidmembranen zu entwickeln. Die freistehenden künstlichen Lipidmembranen reflektieren weitestgehend die Funktionen von natürlichen Membranen. Sie erlauben unter anderem die gezielte Untersuchung von einzelnen Proteinen [Sch06 b] und bieten somit für eine Vielzahl von Anwendungen, wie zum Beispiel bei der Medikamentenentwicklung, interessante Perspektiven. Untersuchungen von freistehenden Membranen mit dem Rasterkraftmikroskop zeigten, dass das Abbilden aufgrund der mechanischen Wechselwirkung schwierig ist und die Membranen sehr leicht zum Zerplatzen gebracht werden [Hen00, Hen02, Ste06, Gon06, Ova07, Lor09]. Die Vorteile der Abstandsregelung über den Ionenstrom mit einer echten berührungsfreien (englisch: '*non-contact*') Messtechnik sollten in dieser Arbeit ausgenutzt werden, um erstmals künstliche freistehende Lipidmembranen mit dem Rasterionenleitfähigkeitsmikroskop abzubilden.

Zu Beginn dieser Arbeit wird in Kapitel 2 ein selbst entwickelter Aufbau eines Rasterionenleitfähigkeitsmikroskops vorgestellt. Im Anschluss werden theoretische Modelle des Ionenstromverhaltens bei Annäherung einer Pipette an eine Oberfläche vorgestellt und Überprüfungen dieser Modelle mit Messergebnissen werden in Kapitel 3 vorgenommen. Kapitel 4 beschäftigt sich mit der Untersuchung von lebenden Zellen, welche den kontaktfreien Abbildungscharakter des Mikroskops zeigen. In Kapitel 5 wird eine neue Modifikation zur Abstandsregelung, welche ein schnelleres Abbilden ermöglicht, präsentiert und mit der bis hierhin konventionellen Abstandsregelung verglichen. Anschließend wird noch eine punkt-spektroskopische Abbildungsmodus vorgestellt.

Eine Erweiterung des Aufbaus mit einer Scherkraftabstandskontrolle wird in Kapitel 6 vorgestellt. Die Idee war, dass Membranen mit der Scherkraftabstandskontrolle abgebildet werden können und der parallel aufgezeichnete Ionenstrom zur Charakterisierung von Kanalproteinen verwendet werden kann. Hierfür wurde ein spezielles optisches Detektionsprinzip, basierend auf einem Periskopdesign, entwickelt und in den Aufbau integriert [Sch06 a]. Zudem wurde das kombinierte Mikroskop zum ersten Mal über eine modulierte Abstandsregelung betrieben und Vorteile gegenüber der konventionellen Abstandsregelung gezeigt [Böc07]. Abschließend wird die, trotz der implementierten Verbesserungen, vorhandene Problematik bei Verwendung der Scherkräfte zur Abstandsregelung diskutiert.

Zum Abschluss dieser Arbeit werden in Kapitel 7 Messungen an freistehenden künstlichen Lipidmembranen vorgestellt. Bei den Messungen wurde überprüft, wie sich die Membranen über Poren spannen und es wurde ein theoretisches Modell entwickelt, welches dieses Überspannen von Membranen über Poren beschreibt. Zudem wurde die Stabilität der porenüberspannenden Membranen abhängig von der bei der Präparation aufgebrachten Menge an Lipiden untersucht und Einflüsse von Detergenzen auf die porenüberspannenden Membranen beobachtet. Des Weiteren wird gezeigt, dass das Mikroskop geeignet ist, um die Membranen gezielt zu manipulieren und lithographische Muster in die Oberfläche zu schreiben [Böc09].

2 Grundlagen der Rasterionenleitfähigkeitsmikroskopie

2.1 Funktionsweise

Die Funktionsweise eines Rasterionenleitfähigkeitsmikroskops lässt sich anhand des schematischen Aufbaus erklären (Abbildung 2.1). In der Mitte der Abbildung ist eine Nanopipette zu sehen, welche mit einem Elektrolyten gefüllt ist und als Messsonde das zentrale Element des Mikroskops bildet. Die zu untersuchende Probe ist direkt unterhalb der Spitze der Pipette und auf dem Boden einer Schale, welche typischerweise mit dem gleichen Elektrolyten gefüllt ist wie die Pipette, positioniert. Für Messungen an Zellen wird beispielsweise eine handelsübliche Petrischale verwendet, auf deren Boden die Zellen gewachsen sind. Als Elektrolyt wird bei der Untersuchung von biologischen Proben eine physiologische Lösung verwendet, damit keine osmotischen Druckeffekte entstehen. Ansonsten lassen sich auch andere chloridhaltige Elektrolyte wie NaCl- und KCl-Lösungen in unterschiedlichen Konzentrationen verwenden.

Um einen Ionenstrom zu messen, wird eine Spannung im Bereich von einigen hundert Millivolt zwischen zwei Silber-/ Silberchloridelektroden (Ag/AgCl-Elektroden) angelegt, wovon sich die eine der Elektroden innerhalb der gefüllten Schale befindet (Badelektrode) und die andere innerhalb der Pipette (Pipettenelektrode). Durch die angelegte Spannung zwischen den beiden Elektroden fließt ein Ionenstrom von der Pipettenelektrode durch die Pipette und die Pipettenöffnung zur Badelektrode, bzw. je nach dem gewählten Vorzeichen der Spannung, in die andere Richtung. Der gemessene Strom wird hauptsächlich durch den Widerstand an der Spitze der Pipette bestimmt und liegt im Bereich von wenigen Nanoampere. Der gemessene Strom wird mittels eines Strom-Spannungs-Wandlers in ein Ionenstromsignal umgewandelt und an einen Computer weitergeleitet.

Zum Abbilden von Oberflächen wird ein x-, y-, z-Scanner verwendet, welcher entweder die Probe relativ zur Pipette (siehe Abbildung 2.1) oder die Pipette relativ zur Probe verschiebt (siehe z.B. [Kor97 b]). Wenn nun die Pipettenspitze an die Oberfläche der zu untersuchenden Probe angenähert wird, nimmt der Ionenstrom aufgrund eines abstandsabhängigen Widerstands zwischen der Oberfläche und der Pipettenspitze ab. Diese Abnahme liefert das Signal zur Abstandsregelung, welches im Computer generiert wird, und ermöglicht es mit dem x-, y-, z-Scanner die Pipettenspitze über Oberflächen zu scannen[1].

[1] Der ursprüngliche deutsche Begriff „rastern“ wird kaum noch im Sprachgebrauch verwendet, sodass hier und im Weiteren der gebräuchlichere Begriff „scannen“ verwendet wird.

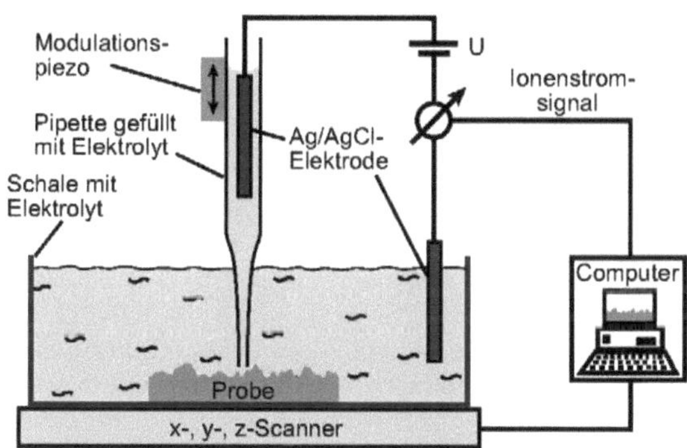

Abbildung 2.1: *Schematischer Aufbau eines Rasterionenleitfähigkeitsmikroskops.*

Da typischerweise beim Scannen der Abstand zwischen Pipettenspitze und Probenoberfläche (Spitzen-Proben-Abstand) moduliert wird (Abschnitt 2.5.3), kann in den Aufbau noch ein weiterer Modulationspiezo für vertikale Bewegungen integriert werden, damit mit der z-Komponente des x-, y-, z-Scanners nicht gleichzeitig die Modulation und die Nachregelung beim Scannen durchgeführt wird.

2.2 Experimenteller Aufbau

Im Rahmen dieser Arbeit ist der experimentelle Aufbau des Rasterionenleitfähigkeitsmikroskops, mit denen die dargestellten Ergebnisse dieser Arbeit gemessen wurden, eigens konzipiert und konstruiert worden. Dabei hat der Aufbau des Mikroskops einen Entwicklungsprozess durchlaufen, sodass die einzelnen Komponenten soweit verbessert und aufeinander abgestimmt wurden, um mit den gegebenen Möglichkeiten optimale Ergebnisse zu erzielen.

Als x-, y-, z-Scanner wurde das Modell P-527.3Cl von der Firma *Physik Instrumente* mit dem zugehörigen Stromverstärker E-503.00 verwendet. Dieser piezoelektronische Scanner erlaubt Stellwege in x-, und y-Richtung von 200 µm und in der z-Richtung von 20 µm. Die eingebauten kapazitiven Sensoren werden über das zugehörige Zusatzmodul E-509.C3 ausgelesen und sorgen für ein lineares Verstellen der Positionen ohne Hystereseeffekte. Die Zusatzmodule sind beim schematischen Aufbau nicht separat dargestellt, sondern werden als Bestandteile des x-, y-, z-Scanners gewertet.

Da die z-Komponente des x-, y-, z-Scanners nur eine vergleichsweise langsame Modulation des Spitzen-Proben-Abstands bei gleichzeitiger Abstandsregelung zulässt, wurde nachträglich der Modulationspiezo in den Aufbau integriert. Hierbei handelt es sich um eine selbstentworfene Konstruktion, in der ein Piezoaktor (kurz: Piezo) der Marke P-885-51 der Firma *Physik Instrumente* eingebaut wurde. Diese Konstruktion basiert darauf, dass das eine Ende des Piezos fest eingespannt wurde, während auf der andere Seite eine mit Blattfedern vorgespannte Metallplatte gegen den Piezo drückt. Beim Anlegen einer Spannung an den Piezo wird somit die Metallplatte, an der sich eine Vorrichtung zur Befestigung der Pipette befindet, verschoben. Hiermit werden Modulationen mit mehr als 1 kHz Anregungsfrequenz bei einer Anregungsamplitude von einigen hundert Nanometern während eines Scans ermöglicht.

Als Elektrolyt wurde in den meisten Fällen eine PBS-Lösung (Phosphat-gepufferte Salzlösung; englisch: *phosphate buffered saline*) verwendet. Die Bestandteile einer PBS Lösung sind 137 mM NaCl, 2.7 mM KCl, 8 mM Na_2HPO_4 und 2 mM KH_2PO_4. Die Lösung besitzt einen pH-Wert von 7.4 und entspricht einer physiologischen Lösung. Neben der PBS-Lösung wurden auch reine NaCl- und KCl-Lösungen mit Konzentrationen zwischen 0.1 M und 0.5 M verwendet.

Als Badelektrode wurde ein Silberdraht verwendet, welcher zuvor für einige Stunden in eine Natriumhydroxidlösung gelegt wurde. Durch chemische Reaktionen bei der Lagerung hat sich eine Schicht von AgCl an der Oberfläche des Drahts gebildet. Als Pipettenelektrode wurde ebenfalls ein solcher Ag/AgCl-Draht verwendet oder ein Mikroelektrodenhalter der Firma *World Precision Instruments* mit integriertem Ag/AgCl-Pellet, welcher ursprünglich für Patch-Clamp-Anwendungen [Neh76] konzipiert wurde. Die Spannung, die zwischen den beiden Elektroden im Experiment angelegt wurde, ist im Bereich von 100 mV bis 500 mV.

Der Strom wurde mit einem Stromverstärker der Marke EPC 10 von der Firma *HEKA Elektronik*, welcher ebenfalls ursprünglich für Anwendungen in der Patch-Clamp-Technik entwickelt wurde, gemessen. Der Ionenstrom lag bei den verwendeten Pipetten und Elektrolytlösungen im Bereich zwischen 0.5 nA und 10 nA. Der Stromverstärker agierte dabei auch als Strom-Spannungs-Wandler, sodass ein Stromsignal in der Form einer Spannung an den Computer weitergegeben wurde.

Die Abstandsregelung wurde mit der Software „Scanimator", welche von Tilman E. Schäffer programmiert und speziell für Anwendungen bei der Rasterionenleitfähigkeitsmikroskopie weiterentwickelt wurde, gesteuert. Für die Umsetzung der Abstandsregelung in Echtzeit wurde ein Controller der Marke ADwin-Gold der Firma *Jäger* verwendet. In dem schematischen Aufbau (Abbildung 2.1) wird die Scansoftware und der Controller mit über dem Computer dargestellt.

Zur Darstellung der Messwerte in zwei Dimensionen plus Farbskalierung (*pseudocolor image*) wurde das Programm WSXM (Windows Scanning (x = Force, Tunneling, Near Optical, ...) Microscope) der Firma *Nanotec* verwendet [Hor07]. Hierbei handelt es sich um eine frei zugängliche Software, die eine benutzerfreundliche und vielseitige Bearbeitung zur Darstellung der Messwerte erlaubt.

2.3 Nanopipetten

Da die Messsonde bei jedem Rastersondenmikroskop maßgeblich für die Auflösung des Mikroskops verantwortlich ist, kann diese als zentrales Element eines jeden Mikroskops angesehen werden. Abgesehen davon, dass die Sonde eine möglichst kleine Spitze haben sollte, muss bei dem Rasterionenleitfähigkeitsmikroskop die Sonde mit einem Elektrolyten zu befüllen sein und eine Öffnung haben, durch die der Ionenstrom fließen kann.

Bei einem der ersten Versuche wurden elektrochemisch gefertigte Siliziumsonden hergestellt [Pra91]. Diese Sonden waren zwar recht robust und erlaubten ein schnelles Abbilden von Oberflächen, mussten aber aufwendig über photolithographische und ätztechnische Verfahren hergestellt werden. Zudem wurden lediglich Öffnungsdurchmesser von etwa 250 nm erreicht.

Als Standardverfahren zur Herstellung von Sonden werden sogenannte „Puller" verwendet. Das Prinzip eines Pullers ist wie folgt: eine Glaskapillare wird lokal bis zum Schmelzpunkt erwärmt und anschließend werden die beiden Enden der Kapillare auseinander gezogen. Das angeschmolzene Glas wird dabei gedehnt, bis sich die beiden Enden der Kapillare trennen und zwei Pipetten entstehen [Bro86]. Die Verwendung von solchen Glaskapillaren zur Messung von Ionenstromeigenschaften gehört zu den Standardverfahren in der Patch-Clamp-Technik [Neh76]. Bei der Herstellung der Glaspipetten wurden verschiedene Techniken entwickelt und optimiert, sodass auch sehr feine Pipetten mit Öffnungsdurchmessern von weniger als 100 nm (Nanopipetten) erzeugt werden können, die sich für die Verwendung in einem Rasterionenleitfähigkeitsmikroskop hervorragend eignen.

Alle in dieser Arbeit verwendeten Pipetten wurden mit Pullern der Marke P-2000 von der Firma *Sutter Instruments* hergestellt. Mit Verwendung dieses Modells wird eine 10 cm lange Glaskapillare mit einem Laserstrahl mittig lokal erwärmt. Zudem liegt eine geringe Zugspannung zwischen den beiden eingespannten Enden der Kapillare an, die beim Erreichen des Schmelzpunktes des Glases zu einem langsamen Auseinanderziehen der beiden Kapillarhälften führt. Das Gerät registriert diese Bewegung, legt eine starke Zugspannung an, damit die beiden Kapillarhälften ruckartig getrennt werden und schaltet gleichzeitig den Laser aus, damit die Enden der beiden hergestellten Nanopipetten während des Zugvorganges nicht zuschmelzen.

Abbildung 2.2 zeigt rasterelektronenmikroskopische Aufnahmen von Nanopipetten, welche aus Borosilikatglaskapillaren, die einen Außendurchmesser von 1 mm und einen Innendurchmesser von 0.58 mm besitzen, gezogenen wurden. In Abbildung 2.2 (a) ist das komplette ausgezogene Ende einer Kapillare zu sehen. Auf der linken Seite ist die ursprüngliche Kapillare mit einem Durchmesser von 1 mm zu erkennen. Die Pipette verkleinert sich nach rechts hin und das ausgezogene Ende hat eine Länge von insgesamt etwa 4 mm. Die Spitze einer Pipette, wie sie bei den meisten Anwendung in dieser Arbeit benutzt wurde, hat eine Öffnung mit einem Durchmesser von weniger als 100 nm (Abbildung 2.2 (b)). Der Durchmesser der Pipette am Spitzenende skaliert mit dem Öffnungsdurchmesser [Bro86] und beträgt bei der abgebildeten Pipette etwa 200 nm. Die welligen Strukturen auf der Außenwand stammen von der vorherigen Besputterung mit Aluminium (Schichtdicke $\approx$ 20 nm), welche nötig ist, um ein kontrastreiches Bild mit dem Rasterelektronenmikroskop aufzunehmen. Das Ende einer Pipette mit einer vergleichsweise großen Spitze ist in Abbildung 2.2 (c) zu sehen. Hier hat das Ende der Spitze einen Außendurchmesser von ca. 1 µm und der Öffnungsdurchmesser beträgt mehr als 600 nm. Diese Pipette wurde mit anders eingestellten Parametern am Puller gezogen als die Pipette, welche in Abbildung 2.2 (b) gezeigt ist. Insgesamt wurde beobachtet, dass bei gleichen Zugparametern Spitzen mit sehr ähn-

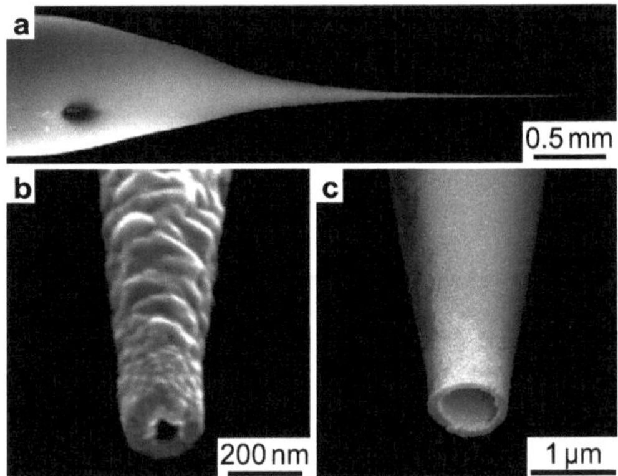

Abbildung 2.2: *Rasterelektronenmikroskopische Aufnahmen von Nanopipetten, gezogen aus Borosilikatglaskapillaren; (a) Übersichtsaufnahme eines ausgezogenen Endes; (b) Aufnahme einer Pipettenspitze mit kleinem Spitzendurchmesser und Spitzenöffnung; (c) Aufnahme einer Pipettenspitze mit vergleichsmäßig großem Spitzendurchmesser und Spitzenöffnung.*

lichen Formen produziert werden. Alle in dieser Arbeit verwendeten Pipetten wurden aus Borosilikatglaskapillaren gezogen, doch es können auch andere Glassorten verwendet werden. Beispielsweise lassen sich aus Quarzglaskapillaren Pipetten mit Öffnungsdurchmessern von etwa 10 nm herstellen [She06], jedoch ist der Umgang mit solchen Pipetten komplizierter. Vor- und Nachteile der verschiedenen Öffnungsdurchmesser werden im Verlauf dieser Arbeit an gegebener Stelle (Abschnitt 3.2 und 7.5) noch genauer diskutiert.

2.4 Theorie des Strom-Abstands-Verhaltens

Das Regelsignal bei einem Rasterionenleitfähigkeitsmikroskop wird lediglich aus dem gemessenen Ionenstrom berechnet. Der Ionenstrom muss bei seinem Weg von der einen zur anderen Elektrode durch den Elektrolyten innerhalb der Pipette und durch den Elektrolyten außerhalb der Pipette fließen. Somit fungiert die Pipette als eine Art Stromleiter und der Widerstand des Systems hängt neben der Leitfähigkeit des Elektrolyten noch von der geometrischen Form der Pipette ab.

Zur Charakterisierung des Widerstands einer mit einem Elektrolyten gefüllten Pipette, R_P, wurde von Nitz *et al.* [Nit97] die Annahme verwendet, dass die Pipette die Form eines Konus besitzt (Abbildung 2.3 (a)). Daraus resultiert, dass

$$R_\mathrm{P} = \frac{L_\mathrm{P}}{\pi\,\kappa\,r_\mathrm{P}\,r_\mathrm{i}} \tag{2.1}$$

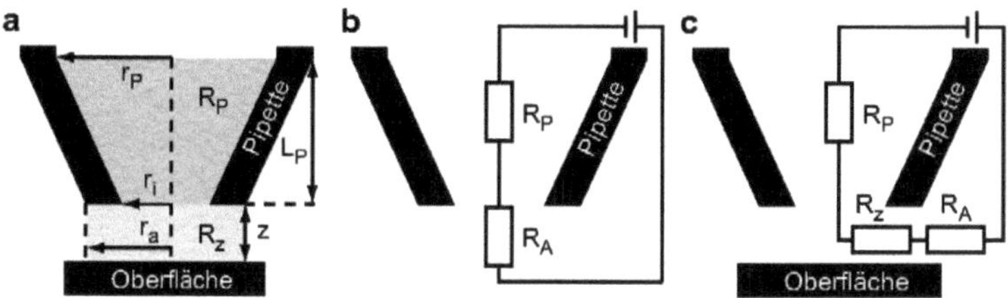

Abbildung 2.3: *(a) Skizze zur Beschreibung des Widerstands einer Pipette über einer Oberfläche nach Nitz [Nit97]. (b) Ersatzschaltbild für eine Pipette mit zusätzlichem Austrittswiderstand. (c) Ersatzschaltbild für eine Pipette über einer Oberfläche mit zusätzlichem Austrittswiderstand.*

ist, wobei L_P die Länge des ausgezogenen Endes der Pipette, κ die spezifische Leitfähigkeit des Elektrolyten, r_P den inneren Radius der Pipette am Anfang des ausgezogenen Endes und somit dem inneren Radius der verwendeten Kapillaren entspricht, und r_i den der Radius der Öffnung an der Pipettenspitze bezeichnet.

Für den Fall, dass sich die Pipettenspitze nicht nahe an einer Oberfläche befindet, muss der Ionenstrom nur noch den Widerstand des Elektrolyten außerhalb der Pipette überwinden. Da dieser Widerstand aber um mehrere Größenordnungen kleiner ist als der Pipettenwiderstand, lässt sich der Elektrolytwiderstand vernachlässigen und der Gesamtwiderstand ist gleich dem Pipettenwiderstand ($R_{ges} = R_P$). Dies entspricht auch dem geringsten möglichen Widerstand und bei einer angelegten Spannung, U, fließt der Sättigungsstrom $I_{sat} = U \,/\, R_P$.

Für kleine Abstände, z, zwischen Pipettenspitze und Oberfläche wird jedoch ein weiterer, abstandsabhängiger Widerstand, R_z, relevant, welcher sich zwischen der Pipettenspitze und der Oberfläche ausbildet und zusätzlich vom Spitzenradius, r_a, abhängt. Die Berechnung des abstandsabhängigen Widerstands, R_z, wurde ebenfalls von Nitz *et al.* durchgeführt und es gilt: $R_{ges} = R_P + R_z$. Da R_{ges} nun ebenfalls abhängig vom Abstand zwischen Pipettenspitze und Oberfläche ist, ist auch der Ionenstrom abhängig von z und es ergibt sich [Nit97]:

$$I(z) = I_{sat}\left(1 + p \cdot \frac{r_i}{z}\right)^{-1} \quad \text{mit} \quad p = \frac{3}{2} r_P \cdot \frac{\ln\left(\frac{r_a}{r_i}\right)}{L_P} \;. \tag{2.2}$$

Bei der Herleitung dieser Formel wurde jedoch der Austrittswiderstand, welcher bei kleinen Poren und Öffnungen wirksam wird [Hal75], vernachlässigt. Somit ist der tatsächliche Gesamtwiderstand der Pipette bei großen Spitzen-Proben-Abständen nicht alleine der Pipettenwiderstand, sondern die Summe von Pipettenwiderstand und Austrittswiderstand, R_A, ($R_{ges} = R_P + R_A$) (Abbildung 2.3 (b)) und es ergibt sich nach Rheinlaender [Rhe09 a]:

$$R_{ges} = \kappa^{-1} \cdot \left(\frac{L_P}{\pi\, r_P} + \frac{1}{4}\right) \cdot r_i^{-1} \;. \tag{2.3}$$

Wenn der Sättigungsstrom gemessen wird, kann der Radius der Pipettenöffnung entweder mithilfe von Gleichung 2.1 als auch von Gleichung 2.3 bestimmt werden, da die anderen Parameter in der Regel bekannt, bzw. leicht zugänglich sind. Für das Verhältnis zwischen den Radien bei der Betrachtung ohne Austrittswiderstand $r_{\mathrm{i,ohne}}$ und mit Austrittswiderstand $r_{\mathrm{i,mit}}$ folgt:

$$\frac{r_{\mathrm{i,ohne}}}{r_{\mathrm{i,mit}}} = \left(1 + \frac{\pi\, r_{\mathrm{P}}}{4\, L_{\mathrm{P}}}\right)^{-1} . \tag{2.4}$$

Für typische Parameter von $r_{\mathrm{P}} = 0.29\,\mathrm{mm}$ und $L_{\mathrm{P}} = 5\,\mathrm{mm}$ ergibt sich ein Unterschied von $\approx 4.5\,\%$ bei der Berechnung der Radien, wobei $r_{\mathrm{i,mit}} > r_{\mathrm{i,ohne}}$ ist.

Der Austrittswiderstand ist natürlich auch nicht bei kleinen Spitzen-Proben-Abständen zu vernachlässigen (Abbildung 2.3 (c)) und es ergibt für den abstandsabhängigen Strom näherungsweise [Rhe07]:

$$I(z) = I_{\mathrm{sat}} \left(1 + q \cdot \frac{r_{\mathrm{i}}}{z}\right)^{-1} \quad \text{mit} \quad q = \frac{\ln\left(\frac{r_{\mathrm{a}}}{r_{\mathrm{i}}}\right)}{\frac{\pi}{2} + \frac{2\,L_{\mathrm{P}}}{r_{\mathrm{P}}}} . \tag{2.5}$$

Somit zeigen Gleichung 2.2 und Gleichung 2.5 ein funktionell gleiches Verhalten und hängen jeweils von der Größe der Spitzenöffnung und dem Abstand zwischen Spitze und Oberfläche ab. Der einzige Unterschied besteht in den dimensionslosen Faktoren p und q. Der Einfluss dieser beiden Faktoren auf das Stromabstandsverhalten und ein Vergleich der theoretischen Ansätze mit experimentellen Strom-Abstands-Verhalten wird im Abschnitt 3.1 diskutiert.

2.5 Topographiebestimmungsmethoden

2.5.1 Constant-Height-Modus

Um das Verhalten des Ionenstroms bei Annäherung der Pipettenspitze an eine Probenoberfläche zum Abbilden der Topographie zu verwenden, gibt es unterschiedliche Möglichkeiten. Eine dieser Möglichkeiten besteht darin, die Pipettenspitze nahe an die Oberfläche zu bringen, sodass ein Stromabfall registriert wird, und anschließend die x- und y-Position mithilfe des Scanners zu verfahren. Da die z-Position des Scanners während des Scannens nicht mehr verändert wird, wird dieser Arbeitsmodus als Constant-Height-Modus bezeichnet [Bry86].

Für eine vollkommen glatte Probe würde im Ionenstromsignal keine Veränderung während des Scannens auftreten. Falls jedoch topographische Erhöhungen oder Vertiefungen während des Scannens von der Spitze überfahren werden, wird ein verringertes, bzw. erhöhtes Stromsignal an dieser Position gemessen. Durch Kenntnis des Strom-Abstands-Verhaltens kann anschließend die Topographie aus den Daten der Stromsignale errechnet werden. Diese Methode hat jedoch verschiedene Nachteile. So könnten nur Proben mit geringen topographischen Unebenheiten untersucht werden, da lediglich bei Spitzen-Proben-Abständen von wenigen 100 nm Unterschiede im Stromsignal zu beobachten sind. Falls sich eine Probe nicht vollkommen eben unter der Pipette befindet, würde dieser Nachteil noch weiter verstärkt werden. Ein anderer nachteiliger Punkt ist, dass das Strom-Abstands-Verhalten für verschiedene Spitzen-Proben-Abstände sehr unterschiedlich ist. So ist bei geringen Spitzen-Proben-Abständen ein starker Stromabfall zu beobachten, womit aus einem gemessenen Stromsignal die Höhe recht gut bestimmt werden kann. Bei großen Spitzen-Proben-Abständen verändert sich das Stromsignal nur recht langsam. Zusätzlich liegt noch ein Rauschen auf dem Stromsignal, was letztendlich dazu führt, dass die Höhe an diesen Stellen nur sehr ungenau bestimmt werden kann.

2.5.2 Constant-Current-Modus

Im Gegensatz zum Constant-Height-Modus wird beim Constant-Current-Modus ein Regelungsmechanismus (englisch: *feedback*) verwendet, um die Topographie abzubilden [Han89]. Wie am Namen schon zu erkennen ist, wird bei diesem Modus der Strom konstant gehalten, was aufgrund des Strom-Abstands-Verhaltens gleichbedeutend mit einem konstanten Spitzen-Proben-Abstand ist. Beim Scannen über die Oberfläche muss bei Höhenunterschieden somit die absolute Position der Probe oder der Pipette verändert werden, um einen konstanten Spitzen-Proben-Abstand beizubehalten. Diese sogenannte Abstandsregelung wird mit der z-Komponente des x-, y-, z-Scanners bewerkstelligt, der in der Schematik des Aufbaus (Abbildung 2.1) zu sehen ist. Die Abstandsregelung ist zwar auch mit dem Modulationspiezo möglich, jedoch wurde dieser im Allgemeinen nicht als Regelpiezo verwendet, da der x-, y-, z-Scanner ein genaueres Positionieren über größere Distanzen ermöglicht.

Bei der Verwendung des Constant-Current-Modus wird ein Sollwert des Ionenstroms eingestellt, welcher kleiner als der Sättigungsstrom ist. Der Spitzen-Proben-Abstand wird dann solange verringert bis dieser Sollwert erreicht wird. Die Geschwindigkeit der Abstandsregelung hängt immer von der Differenz zwischen dem aktuell gemessenen Ionenstrom (Istwert) und dem vorgegebenen Sollwert des Ionenstroms sowie von einem einstellbaren Verstärkungsfaktor (englisch: *gain*) ab. Beim Scannen der Oberfläche werden die Topographiedaten direkt aus der Nachregelung gewonnen.

Typischerweise wird der Sollwert des Ionenstroms nur knapp unterhalb des Sättigungsstroms gewählt. Dies führt dazu, dass der Spitzen-Proben-Abstand während des Scanns recht groß ist und somit die Gefahr einer Berührung zwischen Pipettenspitze und Probenoberfläche gering ist. Diese Berührungsgefahr rührt zum einen daher, dass nur ein endlich schnelles Nachregeln möglich ist, ohne Resonanzen bei der Abstandsregelung anzuregen[1]. Zum anderen besteht beim Scannen auch immer die Gefahr, dass die Pipette seitlich gegen ein Hindernis, wie beispielsweise eine steile Kante, stößt. Somit würde bei falscher Wahl des Sollwerts des Ionenstroms der große Vorteil des Rasterionenleitfähigkeitsmikroskops, nämlich Oberflächen ohne mechanische Wechselwirkung zwischen Sonde und Proben abbilden zu können, zunichte gemacht werden.

[1] Die Resonanzfrequenz der z-Komponente des verwendeten x-, y-, z-Scanners liegt nominell bei 1100 Hz, wird jedoch durch die Belastung durch den Probenaufbau reduziert.

2.5.3 z-Modulations-Modus

Eine modifizierte Version des Constant-Current-Modus ist der z-Modulations-Modus (beim Rasterkraftmikroskop bekannt als Tapping mode oder AC-mode [Han94 b]), bei dem der Spitzen-Proben-Abstand nicht konstant ist, sondern sinusförmig moduliert wird [She01, Pas01]. Dies reduziert noch einmal die Wahrscheinlichkeit einer Berührung von Pipettenspitze und Probenoberfläche während des Scannens, da die Spitze immer nur kurzzeitig in der Nähe der Oberfläche ist. Ein weiterer und für das Rasterionenleitfähigkeitsmikroskop noch wichtigerer Vorteil ist jedoch, dass das Regelsignal annähernd unabhängig vom Drift des Ionenstroms wird. Typischerweise dauert die Aufnahme eines Bildes mit dem Rasterionenleitfähigkeitsmikroskop mehrere Minuten und nicht selten wird eine Drift des Sättigungsstroms von mehr als einem Prozent in dieser Zeit beobachtet. Eine Drift des Sättigungsstroms führt jedoch zu Veränderungen in der Differenz zwischen Sättigungsstrom und Sollwert, was zu unterschiedlichen Regelsignalen bei Verwendung des Constant-Current-Modus führt. Daraus resultierend, würde die Topographie falsch dargestellt werden. Die Drift des Ionenstroms führt oft sogar soweit, dass das Abbilden von Oberflächen über längere Zeit überhaupt nicht möglich ist. Der z-Modulations-Modus reduziert dieses Driftproblem weitestgehend und wurde deshalb für fast alle Messungen mit dem Rasterionenleitfähigkeitsmikroskop, die in dieser Arbeit vorgestellt werden, verwendet. Aufgrund der Relevanz wird das Prinzip dieses Modus im Folgenden genauer (Abbildung 2.4) diskutiert.

Im oberen Bereich des Graphen aus Abbildung 2.4 (a) ist der sinusförmig modulierte Spitzen-Proben-Abstand bei Annäherung der Pipette an eine Oberfläche gegen die Zeit dargestellt. Die Modulationsamplitude des Abstands der Pipettenspitze zur Oberfläche ist konstant. Typischerweise wurden Modulationsamplituden zwischen 50 nm und 250 nm bei Modulationsfrequenzen von 100 Hz bis 1 kHz verwendet. Im unteren Bereich des Graphen ist der resultierende Ionenstrom (blau) dargestellt. Bei großen Abständen zwischen Pipettenspitze und Oberfläche ist der gemessene Ionenstrom in der Sättigung, wohingegen bei kleinen Abständen der Ionenstrom abnimmt. Die Abnahme des Ionenstroms erfolgt gemäß den Ausführungen in Abschnitt 2.4 und 3.1. Die Amplitude, die bei dieser Messmethode bestimmt wird, wird typischerweise mit einem Lock-in-Verstärker gemessen und wird als Regelsignal beim Abbilden verwendet.

Der Ionenstrom (blaue Kurve) und die Amplitude des Ionenstroms (rote Kurve) als Funktion der z-Piezoausdehnung während einer Strom-Abstands-Kurve sind in Abbildung 2.4 b dargestellt. Die Distanz der z-Piezoausdehnung beträgt 1 µm. Der gemessene Ionenstrom zeigt das zuvor diskutierte Verhalten bei Annäherung der Pipettenspitze an die Oberfläche. Die Modulationsamplitude betrug bei dieser Messung 120 nm bei einer Modulationsfrequenz von 800 Hz. Bei großen Spitzen-Proben-Abständen (z-Piezoausdehnung von 0 µm bis etwa 0.7 µm) beträgt die Amplitude etwa Null, abgesehen von einem kleinen Offset, der durch das Stromrauschen verursacht wird. Die Abnahme des Ionenstroms bei kleinen Spitzen-Proben-Abständen resultiert in einer Zunahme der Amplitude. Die funktionelle Form des Ionenstroms und der Amplitude sind, abgesehen vom Vorzeichen, sehr ähnlich.

Zur Abstandsregelung über die Amplitude wird ein Sollwert vorgegeben und die Regelung fährt den z-Piezo solange aus, bis der gemessene Istwert der Amplitude gleich dem Sollwert ist. Beim Überqueren von einer tieferen zu einer höheren Oberflächenstruktur während eines

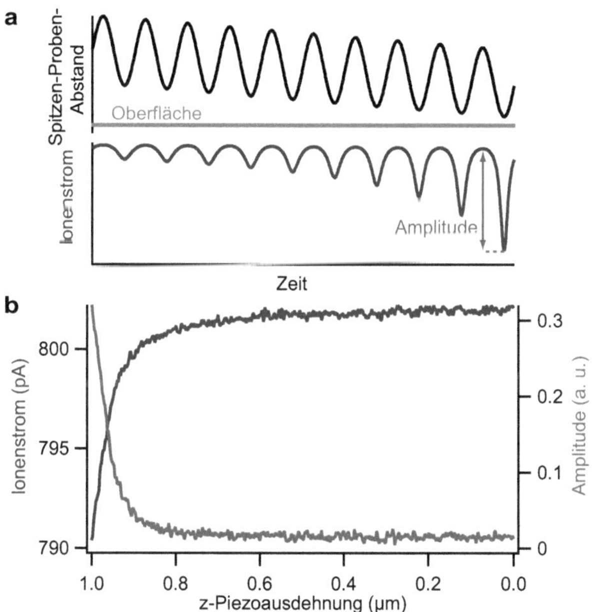

Abbildung 2.4: *(a) Schematik zur Illustration des Prinzips des z-Modulations-Modus. Oberer Verlauf: sinusförmig modulierter Spitzen-Proben-Abstand bei Annäherung der Pipette an eine Oberfläche gegen die Zeit. Unterer Verlauf: resultierender Ionenstrom. (b) Gemessener Ionenstrom (blau) und Amplitude des Ionenstroms (rot) gegen die z-Piezoausdehnung. Die Modulationsamlitude betrug* 120 *nm bei einer Modulationsfrequenz von* 800 *Hz.*

Scans nimmt die Amplitude zunächst zu bis die Abstandsregelung den z-Piezo soweit zurückgefahren hat, dass wieder der Sollwert erreicht ist. Beim Überqueren von einer höheren zu einer tieferen Oberflächenstruktur nimmt die Amplitude ab und der Regelmechanismus fährt den z-Piezo aus bis der Sollwert der Amplitude wieder erreicht ist.

Zusammenfassend kann gesagt werden, dass eine amplitudenbasierte Abstandsregelung zum Scannen von Oberflächen besser geeignet ist als eine ionenstrombasierte Abstandsregelung, da beide Signale ein ähnliches physikalisches Abstandsverhalten zeigen, jedoch bei der Regelung über die Amplitude die Wahrscheinlichkeit von Berührungen zwischen Pipettenspitze und Probenoberfläche geringer ist und die Regelung mit der Amplitude annähernd unabhängig vom Drift im Ionenstromsignal ist.

3 Experimentelle Überprüfung von theoretischen Modellen

3.1 Vergleich von theoretischen und experimentellen Strom-Abstands-Kurven

Um die zuvor diskutierten theoretischen Modelle (Abschnitt 2.4) auf ihre Richtigkeit zu überprüfen, wird ein Vergleich von theoretischen Strom-Abstands-Kurven mit experimentellen Daten in diesem Abschnitt durchgeführt.

Experimentelle Strom-Abstands-Kurven (Ionenstrom gegen z-Piezoausdehnung) für drei Pipetten mit verschiedenen Sättigungsströmen sind in Abbildung 3.1 in schwarzer Farbe abgebildet. Die Strom-Abstands-Kurven wurden jeweils über eine Distanz von 1 µm aufgenommen und der Startpunkt einer jeden Kurve ist rechts im jeweiligen Graphen bei einer z-Piezoausdehnung von 0.0 µm. Die z-Piezoausdehnung 1.0 µm entspricht dem Endpunkt der aufgenommenen Kurve. Als Probe wurde ein Glimmerkristall gewählt, welcher eine sehr glatte Oberflächenstruktur hat, so dass keine aus der Struktur der Oberfläche resultierenden Artefakte in der Strom-Abstands-Kurve zu erwarten sind. Alle Messungen wurden in einer PBS-Lösung bei einer angelegten Spannung von 200 mV durchgeführt. Die verwendeten Pipetten wurden aus Borosilikatglaskapillaren gezogen und die Länge des ausgezogenen Bereichs der gezogenen Pipetten konnte jeweils auf etwa 5 mm abgeschätzt werden.

In Abbildung 3.1 (a) ist eine Strom-Abstands-Kurve für eine Pipette mit einem vergleichsweise sehr gerigen Sättigungsstrom dargestellt. Im Bereich von einer z-Piezoausdehnung kleiner als 0.6 µm ist der Ionenstrom, abgesehen von einem Rauschen von weniger als 1 pA, als konstant anzusehen. Dies bedeutet, dass der abstandsabhängige Widerstand, R_z, keinen nennenswerten Einfluss auf den Gesamtwiderstand hat und somit kann, mithilfe des abzulesenden Sättigungsstroms $I_{\text{sat}} \approx 549\,\text{pA}$ unter Verwendung von Gleichung 2.1 der Radius der Pipettenöffnung, ohne Betrachtung des Austrittswiderstands, bestimmt werden. Bei Verwendung der Parameter $r_\text{P} = 0.29\,\text{mm}$, $L_\text{P} = 5\,\text{mm}$, $\kappa = 1.3\,\Omega\text{m}$ und $U = 200\,\text{mV}$ ergibt sich $r_{\text{i,ohne}} \approx 11.5\,\text{nm}$. Unter Berücksichtigung des Austrittswiderstands R_A bei Verwendung derselben Parameter folgt nach Gleichung 2.3 ein Wert für den Innenradius der Spitze von $r_{\text{i,mit}} \approx 12\,\text{nm}$.

Mit der Kenntnis der Werte für $r_{\text{i,ohne}}$ und $r_{\text{i,mit}}$ lässt sich mit Gleichung 2.2, bzw. 2.5 eine theoretische Strom-Abstands-Kurve berechnen, die nur noch vom Abstand zwischen Pipettenspitze und Probenoberfläche abhängt. Hierzu muss jedoch noch eine Näherung ver-

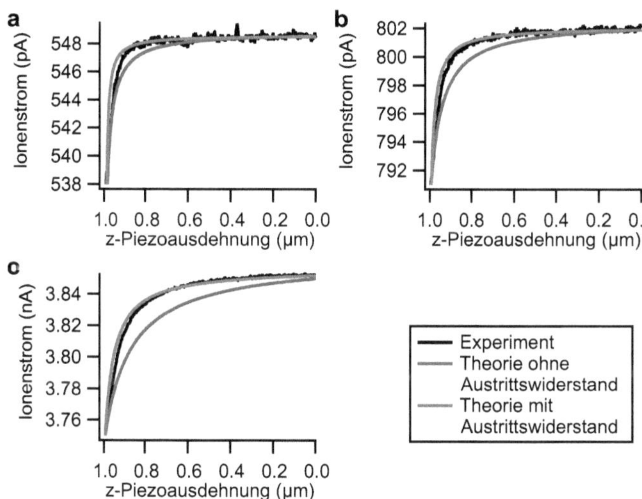

Abbildung 3.1: *Vergleich von experimentellen Strom-Abstands-Kurven (schwarz) mit den theoretischen Kurven, bei Berücksichtigung (grün) und Nichtberücksichtigung eines Austrittswiderstands. Die Kurven wurden unter Verwendung von festen Innenradien der Pipettenöffnungen, welche über den Sättigungsstrom bestimmt wurden, für verschiedene Pipetten mit einem sehr kleinen (a), etwas größeren (b) und vergleichsweise sehr großen Sättigungsstrom (c) berechnet.*

wendet werden, weil der Außenradius der Pipettenspitze, r_a, nicht bekannt ist. Da während des Zugvorgangs das Verhältnis von Außenradien und Innenradien innerhalb der Pipette annähernd konstant bleibt [Bro86], ist das Verhältnis r_a / r_i gleich dem Verhältnis der Radien der ungezogenen Glaskapillaren und kann durch diese Parameter ersetzt werden $\left(\frac{r_a}{r_i} \Longleftrightarrow \frac{0.5\,\text{mm}}{0.29\,\text{mm}} = 1.724\right)$.

Die jeweiligen Kurven bei Nichtberücksichtigung des Austrittswiderstands in blau und bei Berücksichtigung des Austrittswiderstands in grün sind über die gemessenen Daten eingezeichnet.

Die theoretischen Kurven wurden jeweils mit einem horizontalen Offset in die Graphen eingefügt. Dieser Offset liefert dabei den Abstand zwischen Pipettenspitze und der Probenoberfläche, z_0, der bei der z-Piezoausdehnung von 1.0 µm vorliegt. Bei der Theorie ohne Austrittswiderstand beträgt dieser Abstand $z_{0\,,\text{ohne}} = 8\,\text{nm}$ und bei der Theorie mit Austrittswiderstand $z_{0\,,\text{mit}} = 6\,\text{nm}$.

Es ist ersichtlich, dass beide theoretischen Kurven nicht exakt den Verlauf der gemessenen Werte treffen, jedoch liegen die Werte der Kurve, bei der der Austrittswiderstand berücksichtigt wurde, durchschnittlich etwas näher an den experimentellen Werten als die der

Kurve, bei der der Austrittswiderstand nicht berücksichtigt wurde.

In Abbildung 3.1 (b) ist eine weitere Strom-Abstands-Kurve für eine Pipette mit etwas größerem Ionenstrom als in Abbildung 3.1 (a) dargestellt. Der Sättigungsstrom beträgt in diesem Fall $I_{\text{sat}} \approx 802\,\text{pA}$. Da die weiteren Parameter für r_{P}, L_{P}, κ und U nicht verändert sind, lässt sich der Innenradius der Pipettenöffnung zu $r_{\text{i}\,,\text{ohne}} \approx 16.8\,\text{nm}$, bzw. zu $r_{\text{i}\,,\text{mit}} \approx 17.5\,\text{nm}$ bestimmen. Der Abstand zwischen Pipettenspitze und Probenoberfläche bei einer z-Piezoausdehnung von 1.0 µm lässt sich anhand des Offsets zu $z_{0\,,\text{ohne}} = 48\,\text{nm}$ und $z_{0\,,\text{mit}} = 12\,\text{nm}$ abschätzen, was einem deutlichen Unterschied entspricht. Es wird ersichtlich, dass die Werte die aus der Berechnung unter Berücksichtigung des Austrittswiderstands resultieren, deutlich näher an den gemessenen Werten liegen, als die Werte, die aus der Berechnung ohne Berücksichtigung des Austrittswiderstands resultieren.

Eine dritte Strom-Abstands-Kurve wurde mit einer Pipette mit einem sehr großen Ionenstrom aufgezeichnet (Abbildung 3.1 (c)). Der Sättigungsstrom beträgt $I_{\text{sat}} \approx 3.86\,\text{nA}$, wobei selbst bei einer z-Piezoausdehnung von 0.0 µm der Sättigungsstrom noch nicht ganz erreicht wurde. In der Regel wurde eine Pipette mit einem derart großen Sättigungsstrom aufgrund der schlechten Auflösung (Abschnitt 3.2) nicht zum Abbilden verwendet. Durch Verwendung der bekannten Parameter r_{P}, L_{P}, κ und U ergibt sich für die Werte der Pipettenöffnung $r_{\text{i}\,,\text{ohne}} \approx 80.6\,\text{nm}$, bzw. $r_{\text{i}\,,\text{mit}} \approx 84.3\,\text{nm}$. Der Abstand zwischen Pipettenspitze und Probenoberfläche bei einer z-Piezoausdehnung von 1.0 µm wird hier zu $z_{0\,,\text{ohne}} = 120\,\text{nm}$ und $z_{0\,,\text{mit}} = 39\,\text{nm}$ abgeschätzt. Auch bei dieser Messung gibt die theoretische Kurve unter Berücksichtigung des Austrittswiderstands die gemessenen Werte recht gut wieder, wohingegen die Kurve aus der Berechnung ohne Berücksichtigung des Austrittswiderstands den experimentellen Verlauf unzureichend beschreibt.

Im Folgenden wird bei einem weiteren Ansatz angenommen, dass sich der Innenradius der Pipettenöffnung, r_{i}, nicht direkt aus dem Sättigungsstrom I_{sat} berechnen lässt. Somit ist r_{i} ein freier Parameter und wurde deshalb in den Gleichungen 2.2 und 2.5 nicht mit in die Parameter p und q integriert. Da jedoch die enthaltenen Parameter in p und q für die verwendeten Pipetten bekannt sind, sind in diesem Fall p und q bekannte Konstanten. Ein Fit an die experimentellen Daten würde somit sowohl bei der Berücksichtigung, als auch bei Nichtberücksichtigung des Austrittswiderstands denselben Verlauf haben. Lediglich die Innenradien der Pipettenöffnung geben einen um den Faktor

$$\frac{p}{q} = 3 \cdot \left(1 + \frac{\pi\, r_{\text{P}}}{4\, L_{\text{P}}}\right) \approx 3 \tag{3.1}$$

unterschiedlichen Wert an, welcher erheblich größer ist als jener, der bei der Abschätzung mithilfe von Gleichung 2.4, bei der die Innenradien nur über den Sättigungsstrom abgeschätzt werden.

Fits an experimentelle Daten sind in Abbildung 3.2 zu sehen. Die gemessenen Strom-Abstands-Kurven sind dieselben wie in Abbildung 3.1 und erneut in schwarz dargestellt. Die jeweiligen Fits wurden in roter Farbe hinzugefügt. In Abbildung 3.2 (a) wird der Verlauf zwar nicht exakt wiedergegeben, aber der dargestellte Fit reproduziert die Daten besser

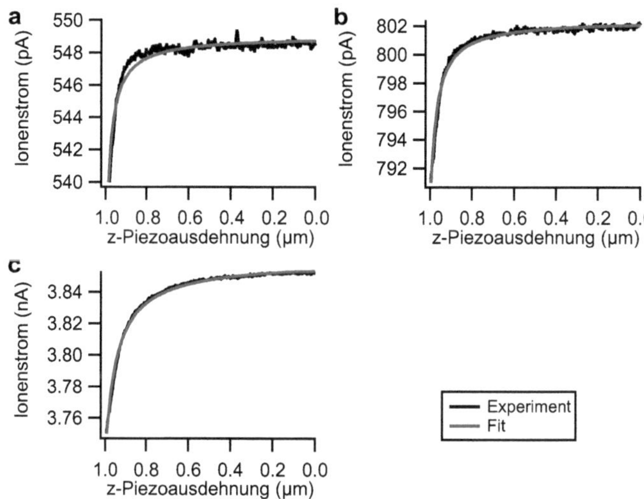

Abbildung 3.2: *Vergleich von experimentellen Strom-Abstands-Kurven (schwarz) mit theoretischen Kurven (rot), gefittet unter Verwendung der Innenradien der Pipettenöffnungen als freie Fitparameter, für verschiedene Pipetten mit einem sehr kleinen (a), etwas größeren (b) und vergleichsweise sehr großen Sättigungsstrom (c).*

als die theoretischen Kurven aus Abbildung 3.1 (a). Als Resultat für die Innenradien der Pipettenspitze ergeben sich $r_{\mathrm{i,ohne}} \approx 11.6\,\mathrm{nm}$, bzw. $r_{\mathrm{i,mit}} \approx 36.0\,\mathrm{nm}$. Zusätzlich ergibt sich aus den Fitparametern ein Abstand von $z_0 = 16\,\mathrm{nm}$ zwischen Pipettenspitze und Probenoberfläche bei einer z-Piezoausdehnung von 1.0 µm.

In den Abbildungen 3.2 (b) und (c) geben die Fits die Messdaten schon sehr genau wieder. Anhand des Fits aus Abbildungen 3.2 (b) ergibt sich ein Spitzen-Proben-Abstand von $z_0 = 25\,\mathrm{nm}$ bei einer z-Piezoausdehnung von 1.0 µm und die Radien der Pipettenspitzenöffnung betragen $r_{\mathrm{i,ohne}} \approx 9.9\,\mathrm{nm}$, bzw. $r_{\mathrm{i,mit}} \approx 31.6\,\mathrm{nm}$. Die bestimmten Radien sind somit kleiner als bei der vorigen Pipette, obwohl ein größerer Sättigungsstrom vorhanden ist. Ein Grund für diesen Effekt könnten Leckströme sein, die durch unebene Spitzenenden auftreten und die Strom-Abstands-Charakteristik stark beeinflussen können. Die ermittelten Werte aus dem Fit in Abbildungen 3.2 (c) sind für den Innenradius der Pipettenöffnung $r_{\mathrm{i,ohne}} \approx 38.1\,\mathrm{nm}$, bzw. $r_{\mathrm{i,mit}} \approx 119.4\,\mathrm{nm}$ und der Spitzen-Proben-Abstand bei einer z-Piezoausdehnung von 1.0 µm ist $z_0 = 51\,\mathrm{nm}$.

Zur besseren Übersicht sind alle ermittelten Werte für die Innenradien der Pipettenöffnung und für den Abstand zwischen Pipettenspitze und Probenoberfläche in Tabelle 3.1 zusammengefasst. Mit „Pipette 1“ wurden die Messungen der Strom-Abstands-Kurve, welche in den Abbildung 3.1 und 3.2 (a) dargestellt sind, aufgenommen. Bei „Pipette 2„ und „Pipet-

Tabelle 3.1: *Ermittelte Werte des Öffnungsradius, r_i, der Pipette und des Spitzen-Proben-Abstands, z_0, bei einer z-Piezoausdehnungen von 1.0 µm.*

			Pipette 1	Pipette 2	Pipette 3
$r_{\mathrm{i,ohne}}$	über	I_{sat}	11.5 nm	16.8 nm	80.6 nm
$r_{\mathrm{i,mit}}$	über	I_{sat}	12.0 nm	17.5 nm	84.3 nm
$r_{\mathrm{i,ohne}}$	über	Fit	11.6 nm	9.9 nm	38.1 nm
$r_{\mathrm{i,mit}}$	über	Fit	36.6 nm	31.1 nm	119.4 nm
$z_{0,\mathrm{ohne}}$			8 nm	48 nm	120 nm
$z_{0,\mathrm{mit}}$			6 nm	12 nm	39 nm
z_0	über	Fit	16 nm	25 nm	51 nm

te 3„ handelt es sich somit um die Pipetten, mit denen die dargestellten Messungen aus Abbildung 3.1 und 3.2 (b) und (c) aufgenommen wurden.

Um eine Abschätzung der Genauigkeit der verschiedenen Theorieansätze zu machen, müssen rasterelektronenmikroskopische Aufnahmen der Pipettenspitzen, wie in Abbildung 2.2 zu sehen, mit berücksichtigt werden. Bei allgemeinen rasterelektronenmikroskopischen Messungen von den Pipetten lagen die Öffnungsradien in der Regel zwischen 25 nm und 50 nm. Teilweise wurden auch größere Öffnungsradien gemessen, doch kleinere Öffnungsradien wurden an Borosilikatglaspipetten nicht beobachtet. Somit scheinen lediglich die Ergebnisse aus der Bestimmung der Radien mit Verwendung des Austrittswiderstands über den Fit ($r_{\mathrm{i,mit}}$ über Fit) ein realistisches Ergebnis zu liefern. Folglich sollten auch nur die beim Fit ermittelten Abstände zwischen Pipettenspitze und Probenoberfläche bei einer z-Piezoausdehnung von 1.0 µm einen ungefähren Wert für z_0 wiedergeben.

Die ermittelten Werte geben jedoch weiterhin nur Abschätzungen der wirklichen Öffnungsradien wieder. Die Gründe dafür sind verschiedenster Form. So ist beispielsweise die Annahme einer konischen Geometrie eine recht grobe Abschätzung für die Pipettenform, wie es schon an den rasterelektronenmikroskopischen Aufnahmen der Spitzen in Abbildung 2.2 zu sehen ist. Bei der Berechnung des Gesamtwiderstands der Pipette ist besonders der Bereich an der Spitze der Pipette entscheidend und eine Theorie über die Einbeziehung der Öffnungswinkel der Pipette würde bessere Ergebnisse liefern [Rhe07]. Eventuelle Einflüsse durch elektroosmotische Effekte sind bei Spitzenöffnungen im Nanometerbereich ebenso denkbar. Eine bessere Abschätzung des Strom-Abstands-Verhaltens kann durch eine Analyse mit einer Finite-Elemente-Methode (FEM) durchgeführt werden [Rhe09 b], da bei dieser das Verhalten des Stroms unter komplexeren Bedingungen berechnet wird. Jedoch müssen auch bei einer solchen Berechnung die Pipettenparameter genau bekannt sein.

3.2 Auflösungsvermögen

Bei jedem Mikroskop stellt sich die Frage nach dessen Auflösungsvermögen. Dabei muss die vertikale von der lateralen Auflösung unterschieden werden. Die vertikale Auflösung, bei der die Höhe eines Objektes wiedergegeben wird, hängt beim Rasterionenleitfähigkeitsmikroskop besonders vom Rauschen des Ionenstroms und vom gewählten Sollwert bei der Abstandsregelung ab, was aus dem Strom-Abstands-Verhalten folgt. Es gibt mindestens zwei unterschiedliche Möglichkeiten die laterale Auflösung zu definieren. Die erste Möglichkeit liegt in der Frage: „Wie klein darf eine Struktur sein, dass sie gerade noch dargestellt werden kann?“ Die zweite Möglichkeit der Definition beinhaltet die Frage: „Wie nahe dürfen zwei Strukturen voneinander entfernt sein, damit sie bei der Mikroskopie noch getrennt wahrgenommen werden können?“ Eine genaue Definition für das Auflösungsvermögen des Rasterionenleitfähigkeitsmikroskops ist sehr schwierig, da dieses hauptsächlich von den verwendeten Pipetten abhängt, die sich von Messung zu Messung stark unterscheiden können. Zudem hängt das Auflösungsvermögen noch von den gewählten Abbildungsparametern ab, die sich von Messung zu Messung ebenfalls unterscheiden können.

In der Vergangenheit wurden schon mehrere Versuche unternommen die Auflösung des Rasterionenleitfähigkeitsmikroskops zu bestimmen. In einem einfachen Modell wurde die Auflösung über eine virtuelle Kugel an der Pipettenspitze definiert, wobei die Kugelschale den Spitzen-Proben-Abstand beim eingestellten Sollwert für die Regelung repräsentiert [Kor97 a]. Bei einer weiteren Abschätzung wurde die laterale Auflösung über das Ionenstromrauschen beim modulierten Abbilden einer Kante bestimmt [Nit97]. Mit einer mathematischen Beschreibung unter Verwendung eines Ionen-Konzentrations-Feldes konnten die Abhängigkeiten der lateralen Auflösung vom Spitzenradius der Pipette, dem Sollwert für die Regelung und vom Ionenstrom weitergehend ermittelt werden [Ade05]. Mithilfe einer theoretischen Berechnung der Auflösung über die Finite-Elemente-Methode wurde die laterale Auflösung des Rasterionenleitfähigkeitsmikroskops unter Berücksichtigung einer Ionendichteverteilung bestimmt [Rhe09 b]. Dazu wurde für einen typischen Spitzen-Proben-Abstand während einer Messung der Radius der Pipettenspitze angenommen. Auf diese Weise wurde die laterale Auflösung, bei der zwei Objekte noch getrennt voneinander zu unterscheiden sind, auf das Dreifache des Radius der Spitzenöffnung bestimmt. Zusätzlich wurden in dieser Arbeit noch die Abbildungsartefakte des Rasterionenleitfähigkeitsmikroskops beschrieben. So wird beispielsweise ein zylinderförmiges Objekt beim Abbilden mit einem großen Spitzen-Proben-Abstand gaußförmig dargestellt. Bei kleiner werdenden Spitzen-Proben-Abständen geht das Bild des Objekts von einer gaußfömigen in eine torusförmige Darstellung über.

Um das Auflösungsvermögen des Rasterionenleitfähigkeitsmikroskops exakt zu bestimmen, müsste sowohl die Pipettengeometrie der verwendeten Pipette, als auch die Oberflächenstruktur genau bekannt sein. Da diese aber im Experiment normalerweise nicht bekannt sind, wird im Folgenden anhand von einzelnen Messungen die Auflösung abgeschätzt.

In Abbildung 3.3 (a) ist das mit dem Rasterionenleitfähigkeitsmikroskop aufgenommene Topographiebild einer CD, nach Entfernung des Schutzlacks dargestellt. Der Scanbereich dieser Aufnahme betrug $12\,\mu m \times 12\,\mu m$, und die Messung wurde mit einer Modulations-

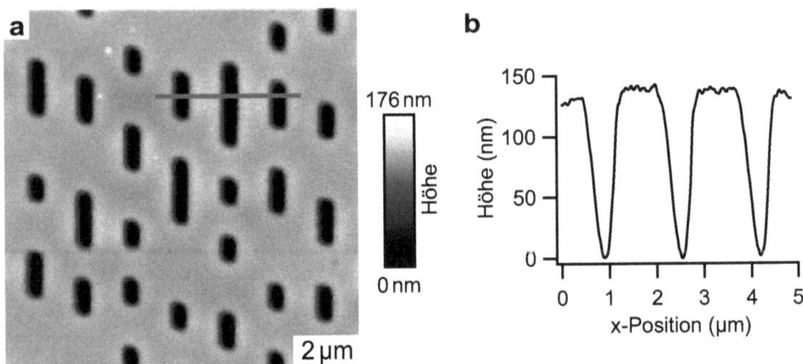

Abbildung 3.3: *Topographiebild einer CD (a) mit zugehörigem Höhenprofil (b). Modulationsfrequenz:* 800 *Hz; Modulationsamplitude:* 200 *nm; Linienrate:* 0.5 *Hz; Datenpunkte:* 512 × 512.

frequenz von 800 Hz und einer Modulationsamplitude (Peak-to-Peak) von 200 nm im z-Modulations-Modus in einer 0.5 M KCl-Lösung durchgeführt. Die Abbildung besteht aus 512 × 512 Datenpunkten, die mit einer Linienrate von 0.5 Hz aufgenommen wurden, was zu einer Gesamtmesszeit von etwa 17 Minuten führte. Während dieser 17 Minuten ist der Sättigungsstrom zwischen 2.07 nA und 2.19 nA gedriftet, trotzdem sind keine Qualitätsunterschiede in der Abbildung zu beobachten. Aufgrund der Drift wäre das Abbilden mit dem Constant-Current-Mode nicht möglich gewesen und bestärkt hier die Notwendigkeit des z-Modulations-Modus.

Das Topographiebild ist farbskaliert und verläuft von tiefen Bereichen in schwarz über Rot- und Gelbtöne nach weiß, welches den höchsten Punkten in der Abbildung entspricht. Zur Vereinheitlichung in dieser Arbeit werden alle nachfolgenden Topographiebilder mit der gleichen Farbskalierung dargestellt. In der Abbildung sind die Vertiefungen in der CD-Oberfläche, die sogenannten „Pits“ deutlich zu erkennen. Diese Pits verlaufen in Spuren, die in dieser Abbildung vertikal verlaufen. Die Bereiche der Oberfläche, an denen keine Pits vorhanden sind, werden sehr glatt, mit einer Rauhigkeit von ca. 4 nm, wiedergegeben. Zusätzlich zu den Pits sind kleine Schmutzpartikel in der linken oberen Ecke der Abbildung zu sehen. Die beiden am deutlichsten zu erkennenden Schmutzpartikel werden mit einer Gesamtbreite von etwa 200 nm bzw. 250 nm und einer Höhe von 20 nm bzw. 30 nm dargestellt, wohingegen ein weiterer Partikel mit einer Breite von etwa 100 nm mit einer Höhe von 10 nm ebenfalls noch zu erkennen ist.[1] Die Schmutzpartikel sind etwa gaußförmig dargestellt und stimmen somit mit der erwarteten Form für kleine Objekte die beim Scannen mit einem vergleichsweise großen Spitzen-Proben-Abstand abgebildet wurde, wie bei Rheinlaender *et al.* beschrieben, überein [Rhe09 b].

Anhand des Höhenprofils, welches einem Querschnitt des Topographiebildes an der Stelle der dunkelgrauen Linie entspricht (Abbildung 3.3 (b)), ist die abgebildete Form von drei

[1] Zur Bestimmung der Höhen und Breiten wurde eine anschließende Messung, bei der der Bereich mit den Schmutzpartikeln vergrößert abgebildet wurde, verwendet.

Pits zu erkennen. Der Höhenunterschied zwischen der glatten Oberfläche und den tiefsten abgebildeten Punkten der Pits beträgt etwa 130 nm und der Abstand der Pits voneinander beträgt 1.6 µm. Diese gemessenen Werte stimmen mit den Größen der Strukturen auf einer Standard-CD überein [Kor94]. Die Breite der abgebildeten Pits beträgt etwa 800 nm und ist damit um 200 nm breiter als die nominelle Breite einer Standard-CD. Der Grund für das verbreiterte Darstellen wird ebenfalls bei Rheinlaender *et al.* beschrieben. So werden Stufen beim Abbilden verschmiert wiedergeben. Für die Darstellung des Pits bedeutet dies, dass das Pit zunächst breiter erscheint und dass der Bereich innerhalb der Pits nicht exakt wiedergeben wird. Bei Pipetten mit größeren Spitzenöffnungen würde dieses zu einer verringerten Wiedergabe der tatsächlichen Pittiefe führen.

Ein weiteres Beispiel zur Illustration des Auflösungsvermögens des Rasterionenleitfähigkeitsmikroskops wird anhand einer Abbildung von einer porösen Polycarbonatmembran diskutiert (Abbildung 3.4). Poröse Polycarbonatmembrane werden als Filtermembranen oder zur Herstellung von Liposomen verwendet und sind je nach Bedarf mit zufällig angeordneten Poren mit unterschiedlich großen Durchmessern kommerziell erhältlich. Der Durchmesser der Poren bei der hier verwendeten Polycarbonatmembran beträgt nominell 50 nm. Die gezeigte Aufnahme wurde mit einer Modulationsfrequenz von 200 Hz und einer Modulationsamplitude (Peak-to-Peak) von 200 nm im z-Modulations-Modus in einer PBS-Lösung aufgenommen. Der Grund für diese viel geringere Modulationsfrequenz als bei der Abbildung der CD liegt darin, dass zu diesem Zeitpunkt der zusätzliche Modulationspiezo, wie er in der Schematik des Aufbaus in Abbildung 2.1 gezeigt ist, noch nicht implementiert war. Somit musste die z-Komponente des Scanners sowohl zur Modulation als auch zur Abstandsregelung verwendet werden, was letztendlich zu geringeren Modulationsfrequenzen und Abbildungsgeschwindigkeiten führte. Die Linienrate bei dieser Abbildung betrug dementsprechend auch lediglich 0.2 Hz, was bei der Aufnahme von 512×512 Datenpunkten zu einer Messzeit von 43 Minuten führte und die Verwendung eines separaten Modulationspiezos als sinnvoll erscheinen lässt. Über die Messzeit wurden eine Drift des Ionenstroms zwischen 1.35 nA und 1.75 nA beobachtet, jedoch blieb die Abbildungsqualität während der kompletten Messzeit annähernd konstant.

Das Topographiebild zeigt einen 2 µm × 2 µm großen Bereich der Membran (Abbildung 3.4 (a)). Die dargestellten Höhenunterschiede betragen maximal 227 nm. An der Abbildung ist zu erkennen, dass die Membran keine ebene Oberfläche wie die CD bildet, sondern eine Art zerklüftete Oberflächenstruktur besitzt. Innerhalb dieser Strukturen sind mehrere kreisrunde Vertiefungen zu sehen. Die Vertiefungen besitzen zwar nicht alle den gleichen Durchmesser, jedoch sind sie in der erwarteten Größenordnung. Ob die gemessenen Durchmesser der Poren lediglich durch die zerklüftete Oberflächenstruktur unterschiedlich erscheinen, oder beim Herstellungsprozess unterschiedliche Größen produziert wurden[1], kann anhand der Abbildung nicht eindeutig geklärt werden.

Zur besseren Übersicht der abgebildeten Poren wurde ein Querschnitt durch drei Poren gelegt, welcher als Höhenprofil in Abbildung 3.4 (b) zu sehen ist. Die Daten des Höhenprofils wurden an der Stelle in der Topographie entnommen, die durch die dunkelgraue Linie gekennzeichnet ist. Zunächst ist am Höhenprofil zu erkennen, dass sich die Oberfläche

[1] Die Variation der Porengröße wird vom Hersteller (*Pieper Filter*) auf bis zu minus 20% angegeben.

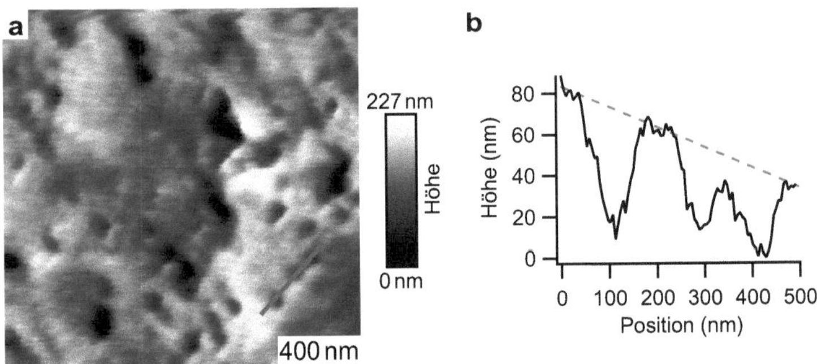

Abbildung 3.4: *Topographiebild einer porösen Polycarbonatmembran (a) mit zugehörigem Höhenprofil (b). Der nominelle Durchmesser der Poren beträgt* 50 *nm und die grau gestrichelte Linie im Höhenprofil entspricht dem geschätzten Oberflächenverlauf ohne Poren.*
Modulationsfrequenz: 200 *Hz; Modulationsamplitude:* 200 *nm; Linienrate:* 0.2 *Hz; Datenpunkte:* 512 × 512.

nicht horizontal unterhalb der Spitze befand. So beträgt die Höhe bei der Position 0 nm mehr als 80 nm und an der Position 500 nm nur noch etwa 35 nm. Die Höhenabnahme verlief dabei vermutlich, wie durch die graue gestrichelte Linie dargestellt, annähernd linear. Trotz dieser schrägen Lage sind drei Vertiefungen im Höhenprofil zu erkennen. Die linke Pore hat eine maximale Breite von etwa 125 nm und eine maximale Tiefe von 55 nm. Die gemessene Breite entspricht dem, was nach den Überlegungen zur Auflösung von „kantenähnlichen Strukturen" zu erwarten ist [Rhe09 b]. Tatsächlich besitzt die Pore keine endliche Tiefe, wie sie im Experiment gemessen wurde, sonder durchdringt die gesamte Polycarbonatmembran über eine Distanz von 6.0 µm. Einerseits wäre die Spitze einer Borosilikatglaspipette zu groß, um durch eine solche Pore hindurch zu passen. Andererseits entsteht beim Eindringen der Pipette in die Pore ein weiterer Widerstand, der beim Abbilden zu einer endlichen Tiefendarstellung der Pore führt. Dieser Effekt wird noch besonders wichtig für die Messung von künstlichen, freistehenden Membranen (Kapitel 7) und wird an dieser Stelle ausführlich diskutiert.

Auf der rechten Seite im Höhenprofil sind zwei weitere Poren zu erkennen. Die Positionen an der sich jeweils die tiefste Stelle der beiden Poren befinden, liegen 135 nm auseinander, sodass bei einem nominellen Durchmesser der Poren von 50 nm, angenommen werden kann, dass die Poren nicht miteinander verschmolzen sind, sondern separat vorliegen. Bei Betrachtung der Erhöhung zwischen den beiden Poren lässt sich feststellen, dass die erwartete Höhe, die durch die graue gestrichelte Linie dargestellt ist, beim Abbilden nicht gemessen wurde, sondern ein um etwa 10 nm tiefer gelegene Höhe. Dies bedeutet, dass die Strommessung an dieser Position von beiden Poren gleichzeitig beeinflusst wurde, was zu einer Verschmelzung der beiden Poren in dem Topographiebild führt.

Zusammenfassend lässt sich feststellen, dass Strukturen von einer Größe von etwa 50 nm mit einer Borosilikatglaspipette problemlos aufgelöst werden können. Die genaue Breite und Höhe kann dabei aber nur abgeschätzt werden. Zwei separate topographische Objekte können auch bei geringen Abständen von etwa 100 nm noch getrennt wahrgenommen werden, jedoch überlagern sich die Einflüsse auf die Ionenstrommessung der Objekte, sodass Artefakte im Topographiebild auftauchen. Somit stimmt die Auflösung bei den beiden gezeigten Messungen mit der überein, wie sie von Rheinlaender *et al.* für Pipetten mit einem Innenradius von weniger als 50 nm beschrieben wird [Rhe09 b].

4 Messungen an lebenden Zellen

Das standardmäßige Anwendungsgebiet der Rasterionenleitfähigkeitsmikroskopie ist die Untersuchung von lebenden Zellen, welche im Wesentlichen in der Gruppe um Yuri E. Korchev seit über 12 Jahren betrieben wird. Korchev erkannte, dass das charakteristische Strom-Abstands-Verhalten besonders geeignet ist, um Zellen kontaktfrei und hoch aufgelöst abzubilden [Kor97 a, Kor97 b] und konnte mit dem Rasterionenleitfähigkeitsmikroskop Volumenänderungen von Zellen mit einer Auflösung von bis zu 2.5×10^{-20} Litern bestimmen [Kor00 a] oder auch einzelne Ionenkanäle lokalisieren und deren Bewegung auf der Zelloberfläche nachweisen [Kor00 c].

Eine weitere Möglichkeit der Untersuchung von Zellen mit dem Rasterionenleitfähigkeitsmikroskop besteht in einer punktweisen Spektroskopie [Git97, Man02, Hap03]. Hierbei wird die Pipette wie bei Strom-Abstands-Kurven an die Oberfläche angenähert und anschließend, in der Regel über eine Distanz von mehreren µm, zurückgezogen. Anschließend wird die laterale Position der Pipette verändert und die Pipette erneut angenähert. Mit dieser Methode wird die Möglichkeit der Beschädigung von Spitze oder Probe durch laterale Bewegungen weitestgehend eliminiert, jedoch reduziert sich die Abbildungsgeschwindigkeit mit dieser Methode unter Umständen enorm. Diese kann aber wiederum über die Verwendung von einer dynamischen Verknüpfung der Annäherungsbewegung mit der lateralen Scanbewegung deutlich erhöht werden [Nov09].

Um ein Abbilden ohne Drifteinflüsse des Ionenstroms zu gewährleisten, wurden Versuche mit angelegter Wechselspannung an den Elektroden unternommen [Man02, Hap03]. Dies ermöglichte ebenfalls Messungen an Zellen, jedoch erschwerten ungewollte Änderungen im Gleichstrompotential der Elektroden das Abbilden mit dieser Messtechnik.

Die Entwicklung des z-Modulations-Modus beim Rasterionenleitfähigkeitsmikroskop (Abschnitt 2.5.3) im Jahr 2001 führte zu einer weiteren Verbesserung beim Abbilden von Zellen [Pas01, Man01, She01] und ist bis heute die wohl am meisten angewandte Technik. Durch Verwendung dieser sehr sensiblen Technik wurde es möglich, Mikrovilli-Strukturen auf lebenden Zellen abzubilden [Gor02 a]. Durch die Langzeitstabilität, die durch die von Drifteinflüssen annähernd unabhängige Amplitudenregelung herrührt, konnten auch dynamische Bewegungen der Mikrovilli über einen Zeitraum von mehreren Stunden beobachtet werden [Gor02 c, Gor03].

Eine weitere Verbesserung bei der Untersuchung von Zellen konnte mit Quarzglaspipetten erreicht werden. Durch Verwendung von Quarzglaskapillaren bei der Herstellung der Pipetten können Spitzenöffnungsdurchmesser von bis zu 10 nm erreicht werden. Mit diesen sehr feinen Quarzglaspipetten konnten selbst einzelne Proteine und deren Bewegung auf der

Zelloberfläche nachgewiesen werden [She06]. Die Handhabung solcher Pipetten ist jedoch wesentlich problematischer als bei Borosilikatglaskapillaren. Zum Einen ist das gemessene Stromsignal bei einem vergleichbaren Stromrauschen um etwa eine Größenordnung kleiner als bei den Borosilikatglaspipetten und zum Anderen ist das gesamte Messsystem anfälliger gegen mechanische und akustische Störeinflüsse.

In den folgenden Abschnitten werden einige eigene Messungen an zwei verschiedenen Zelltypen, aufgenommen mit Borosilikatglaspipetten, dargestellt, um die Abbildungsqualität des selbst entworfenen, verwendeten Rasterionenleitfähigkeitsmikroskops zu demonstrieren und um einige biologische Fragestellungen zu diskutieren.

4.1 Epithelzellen

Eine Untersuchungsreihe mit dem Rasterionenleitfähigkeitsmikroskop wurde an MDCK (Madin Darby Canine Kidney) Zellen des Typs MDCK-II vorgenommen. Hierbei handelt es sich um Nierenzellen eines Hundes, die kultiviert wurden und sich in kurzer Zeit vermehren lassen. Bei dem Zelltyp handelt es sich um Epithelzellen, also Zellen, die Zellschichten bilden und dabei sogenannte „Tight Junctions" ausbilden. Diese Tight Junctions bestehen aus Proteinkomplexen, die den Austausch von Ionen ohne Flüssigkeitsaustausch gewährleisten und sind beispielsweise ein wesentlicher Bestandteil der „Blut-Hirn Barriere". Da die genaue Anordnung der Tight Junctions und der Leitfähigkeit für Ionen bis heute noch nicht vollständig verstanden sind, birgt die Untersuchung dieser Bereichen interessante Fragestellung für viele Anwendungsgebiete, wie zum Beispiel bei der Medikamentenentwicklung (siehe u.a. [Sim86, Erb95, Tan06]).

Die untersuchten MDCK-II Zellen wurden freundlicherweise von Joachim Wegener vom Institut für Biochemie an der Westfälischen Wilhelms-Universität Münster zur Verfügung gestellt. Die Zellen wurden für die Untersuchungen mit dem Rasterionenleitfähigkeitsmikroskop in konventionellen Petrischalen ausgesät und in einem Nährmedium in einem Inkubator bei 37 °C und einer CO_2-Konzentration von 5 % wachsen gelassen, bis sich vollständig ausgebildete Zellschichten gebildet hatten. Die Messungen wurden in dem mit PBS-verdünnten Nährmedium durchgeführt. Um zu gewährleisten, dass die Zellen möglichst lange ihren ursprünglichen Zustand halten, wurden die Petrischalen während der Messung auf etwa 30 °C temperiert.

Die Abbildung 4.1 zeigt Topographiebilder von lebenden MDCK-II Zellen. Die Scans wurden kurz nach Entnahme aus dem Inkubator gestartet, sodass die Funktionen der Zellen zu diesem Zeitpunkt noch nicht beeinträchtigt waren. Die beiden dargestellten Bereiche haben eine Größe von 30 µm × 30 µm. In der Topographie in Abbildung 4.1 (a) sind Höhenunterschiede von bis zu einem Mikrometer zu sehen. Die einzelnen Zellen sind gut voneinander zu unterscheiden, da an den Stellen, wo sich die Zellen berühren und wo sich auch die Tight Junctions befinden, Erhöhungen gemessen wurden (sichtbar als dünne gelbe Linien). In der Mitte des Bildes ist eine einzelne Zelle mit einer ungefähren Größe von 18 µm × 10 µm zu erkennen, an der sich mehrere andere Zellen anlagern, die jedoch nicht vollständig abgebildet wurden.

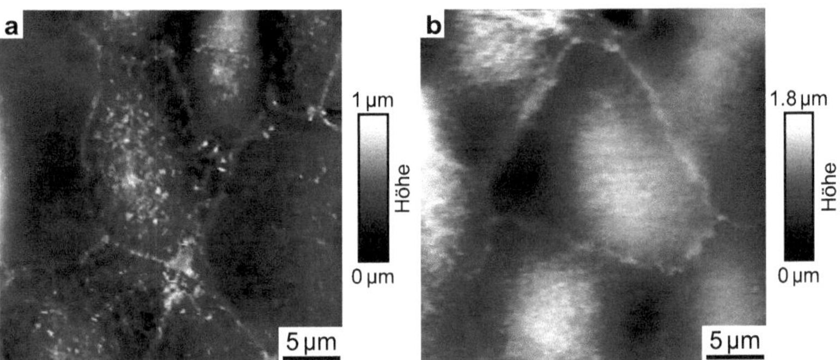

Abbildung 4.1: *Topographiebilder von lebenden MDCK-II Zellen, aufgenommen direkt nach Entnahme aus dem Inkubator.*

Die Positionen der Zellkerne lassen sich in der Abbildung an den Stellen erahnen, wo eine durchschnittliche Erhöhung zu erkennen ist. Dabei liegen diese Erhöhungen nicht direkt an der Position der Zell-Zell-Kontakte, sondern befinden sich im inneren Bereich der jeweiligen Zelle. Zusätzlich sind auf den Zellen viele verschiedene kleine Erhöhungen zu sehen. Hierbei handelt es sich um sogenannte Mikrovilli, die bei dieser Messung aufgelöst werden konnten und somit den kontaktfreien Abbildungscharakter des Rasterionenleitfähigkeitsmikroskops zeigen.

In Abbildung 4.1 (b) ist eine weiteres Topographiebild von MDCK-II Zellen zu sehen. Auch hier sind die Zell-Zell-Kontakte wieder durch Erhöhungen zu erkennen und die einzelnen Zellen können deutlich voneinander unterschieden werden. Auch in dieser Abbildung ist nur eine Zelle vollständig abgebildet. Diese Zelle hat eine Größe von im Mittel etwa 18 µm × 12 µm und ist damit nur unwesentlich größer als die vollständig abgebildete Zelle aus Abbildung 4.1 (a). Wiederum lassen sich die Positionen der Zellkerne anhand der jeweiligen Erhöhung im Zellzentrum erkennen. Oberflächenstrukturen wie Mikrovilli sind jedoch nicht so gut auszumachen wie in der vorherigen Abbildung. Dafür gibt es zwei Gründe. Der erste Grund ist, dass bei der Abbildung 4.1 (b) die dargestellte Höhe mit 1.8 µm fast doppelt so hoch ist wie in Abbildung 4.1 (a) und somit absolute Höhenänderungen schwächer dargestellt werden. Ein zweiter Grund ist, dass bei dieser Messung der Sättigungsstrom bei ungefähr 3.7 nA lag, wohingegen bei der ersten Messung ein Sättigungsstrom von etwa 2.0 nA bei gleicher angelegter Spannung und gleichem Elektrolyten gemessen wurde. Somit ist auch gemäß den theoretischen Überlegungen eine schlechtere Auflösung in Abbildung 4.1 (b) zu erwarten.

Bei weiteren Messungen, die hier nicht gezeigt sind, wurden auch dynamische Bewegungen der Mikrovilli-Strukturen auf den Zellen beobachtet, was ein eindeutiges Indiz dafür ist, dass die Zellen während des Abbildens noch lebendig waren.

Bei manchen Messungen waren die Zellen nicht mehr am leben waren, sondern lagen im Sterben , bzw. waren schon tot. Zwei ausgesuchte Topographiebilder von Zellen in diesem

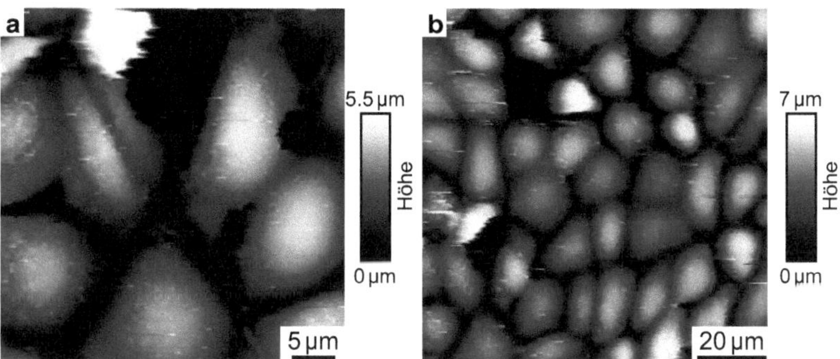

Abbildung 4.2: *Topographiebilder von lebenden MDCK-II Zellen aufgenommen nach mehreren Stunden nach Entnahme aus dem Inkubator.*

Zustand sind in Abbildung 4.2 zu sehen.

In Abbildung 4.2 (a) ist ein Bereich von 30 µm × 30 µm mit Höhenunterschieden von bis zu 5.5 µm dargestellt. Die einzelnen Zellen sind bei dieser Abbildung als vereinzelte kugelige Objekte gut zu unterscheiden. Die laterale Größe einer jeden Zelle ist jedoch ähnlich zu der Größe der Zellen aus der vorherigen Abbildung. Die Höhe einer einzelnen Zelle beträgt etwa 4 µm – 5µm und die Zellen berühren sich entweder überhaupt nicht, oder nur auf dem Boden der Petrischale. Trotz der sehr stark abgewandelten Form zu den Zellen aus Abbildung 4.1 sind noch Unterstrukturen, wie Mikrovilli, auf der Oberfläche zu beobachten. Durch die Gesamthöhe der Zellen sind diese kleinen Strukturen und die Kontaktstellen in der Abbildung jedoch nur schlecht zu erkennen.

In Abbildung 4.2 (b) ist ein Bereich von 100 µm × 100 µm mit Höhenunterschieden von bis zu 7 µm zu sehen. Diese Aufnahme wurde im direkten Anschluss zur Aufnahme, bei der das Topographiebild aus Abbildung 4.2 (a) entstanden ist, gestartet. Die Zellen aus der vorherigen Aufnahme sind in der linken unteren Ecke dieser Abbildung erneut abgebildet. Bei dieser Aufnahme wurden 350 × 350 Datenpunkte mit einer Linienrate von 0.2 Hz aufgenommen, was zu einer Gesamtmesszeit von 29 Minuten führte. Somit können mit dem Rasterionenleitfähigkeitsmikroskop auch große Bereiche mit großen Höhenunterschieden mit dem z-Modulations-Modus in einer akzeptablen Zeit abgebildet werden.

Zusammenfassend lässt sich feststellen, dass beim Absterben der MDCK-II Zellen sich zunächst die Tight Junctions, welche die Kontaktflächen zwischen den Zellen bilden, lösen. Somit liegt kein Zellverband mehr vor, sondern die Zellen sind separiert. Abgesehen davon, dass die Tight Junctions zu Erhöhungen an den Positionen der Zell-Zell-Kontakte führen, lassen sich anhand der gemessenen Daten keine weiteren Aussagen über die genaue Struktur der Tight Junctions machen.

Weitere Untersuchungen an den MDCK-II Zellen könnten in der Zukunft bei der Charakterisierung der Tight Junctions eine bedeutende Rolle spielen. So könnten beispielsweise auch der Einfluss von Hydrocortison auf die Ausbildung von Zell-Zell-Kontakten mithilfe des

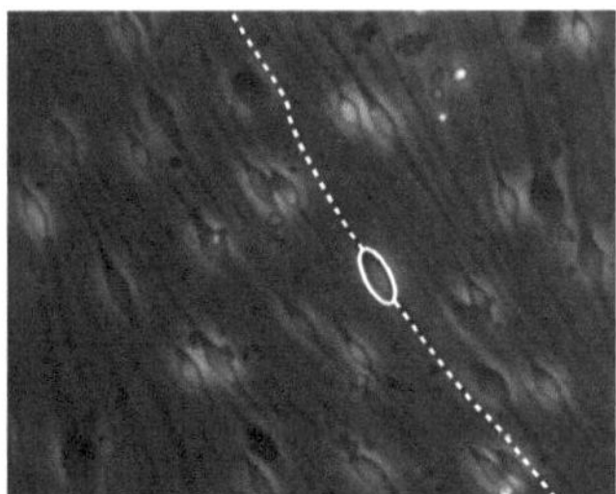

Abbildung 4.3: *Optisches Phasenkontrastbild von Ratten-Schwann-Zellen (aufgenommen von I. Kleffner an der Klinik und Poliklinik für Neurologie der Westfälischen Wilhelms-Universität Münster).*

Rasterionenleitfähigkeitsmikroskops untersucht werden, wie es schon mit dem Rasterkraftmikroskop an MBCEC (murine brain capillary endothelial cell) gemacht wurde [Sch05]. Hierfür müssten jedoch noch Verbesserungen im Bereich der Temperierung der Proben unternommen werden und eine Einrichtung zur Erhaltung einer CO_2-Konzentration von 5 % implementiert werden, damit die Zellen über einen längeren Zeitraum unter gleichen Bedingungen abgebildet werden können. Da die Untersuchung von Zellen nicht das Hauptziel dieser Arbeit war, wurde dieser Ansatz bisher nicht weiter verfolgt.

4.2 Gliazellen

In einer weiteren Versuchsreihe wurden Schwann-Zellen untersucht, welche eine spezielle Form von Gliazellen sind. Bei Schwann-Zellen handelt es sich um Zellen im Nervengewebe, die sich als Isolationsschicht um die eigentlichen Nervenzellen, die Axone, legen und eine sogenannte Myelinhülle bilden und somit eine wichtige Rolle beim Aufbau und der Funktionalität des Nervensystems spielen [Mir99]. Verschiedene Krankheiten, die das periphere Nervensystem betreffen, gehen auf Ursachen bei Missbildungen der Myelinhülle zurück. Es ist möglich, Schwann-Zellen zu kultivieren und auch anzureichern, um Transplantationen vorzunehmen und damit Krankheiten zu bekämpfen. Besonders die Entwicklung der „Magnetischen Zell Sortierung“ (MACS) ermöglichte es, gezielt und vergleichsweise einfach Schwann-Zellen zu kultivieren [Vro03].

Im Allgemeinen werden Schwann-Zellen hauptsächlich mit optischen oder Elektronenmikroskopen untersucht. Abbildung 4.3 zeigt ein optisches Phasenkontrastbild von Ratten-Schwann-Zellen. Das Phasenkontrastbild wurde nicht skaliert, abgeschätzt ist jedoch ein Bereich von etwa 100 µm × 80 µm dargestellt. Diese Abbildung zeigt die typischen spindelförmigen Körper der Schwann-Zellen und die jeweils zwei bzw. drei langen dünnen Fortsätze (englisch: *processes*). Zur Verdeutlichung ist einer der abgebildeten spindelförmigen Zellkörper mit dem in weiß eingezeicheten Oval hervorgehoben worden. Die beiden Fortsätze dieser Zelle wurden mit der gestrichelten weißen Linie nachgezeichnet. Die jeweiligen Zell-

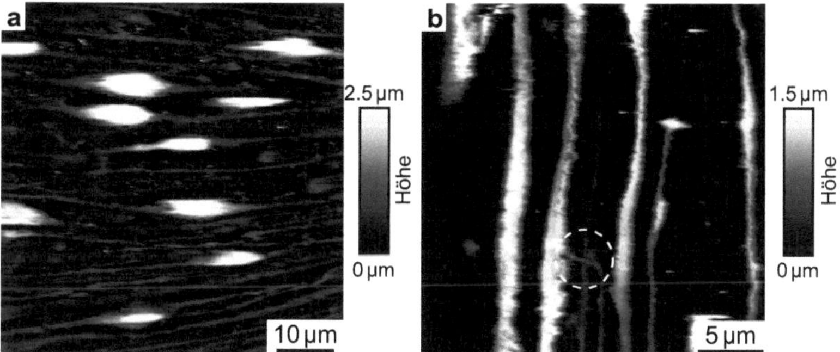

Abbildung 4.4: *Topographiebilder von lebenden Ratten-Schwann-Zellen. (a) Übersichtsbild in dem mehrere der spindelförmigen Zellkörper und der Fortsätze der Zellen zu erkennen sind. (b) Detailliertes Bild der Fortsätze.*

körper haben eine Größe von ca. 10 µm × 5 µm. Die Fortsätze, welche sich normalerweise um das Axon legen und die Myelinhülle bilden, laufen bei der nachgezeichneten Zelle aus dem Abbildungsbereich heraus. Da die anderen Zellen aufgrund der langen Fortsätze ebenfalls nicht vollständig abgebildet sind, kann die genaue Länge der Fortsätze mit diesem Phasenkontrastbild nicht bestimmt werden. Es ist jedoch zu erkennen, dass alle dargestellten Zellen von links oben nach rechts unten im Bild verlaufen, sodass festgestellt werden kann, dass die Zellen gerichtet gewachsen sind.

Bisher wurden in dem Gebiet der Neurowissenschaften vergleichsweise wenige Untersuchungen mit Rastersondenmikroskopen unternommen. Dies mag wohl daran liegen, dass neurologische Systeme sehr sensibel und daher auch schwer abzubilden sind. Dennoch ist es möglich, mechanische Eigenschaften mit dem Rasterkraftmikroskop an neurologischen Zellen zu untersuchen [Her07]. Mit dem Rasterionenleitfähigkeitsmikroskop wurde überprüft, ob diese recht sensiblen Schwann-Zellen überhaupt abgebildet werden können. Bisher konnte noch nicht geklärt werden, wie die Zellen Kontakte über die Fortsätze bilden und über diese miteinander kommunizieren, weswegen bei der Untersuchung speziell die Fortsätze untersucht wurden.

Rasterionenleitfähigkeitsmikroskopische Aufnahmen an lebenden Ratten-Schwann-Zellen sind in Abbildung 4.4 dargestellt. In Abbildung 4.4 (a) ist ein Bereich von 60 µm × 60 µm dargestellt, in dem mehrere der spindelförmigen Zellkörper zu erkennen sind. Die maximale Höhe dieser Zellkörper beträgt 4 µm – 5 µm, jedoch wurde die maximale dargestellte Höhe auf 2.5 µm begrenzt, damit die Fortsätze aus den Zellkörpern besser zu erkennen sind. Ebenfalls ist festzustellen, dass die Zellen, wie die Zellen auf dem Phasenkontrastbild, gerichtet gewachsen sind. Die Fortsätze scheinen in dieser Abbildung immer parallel zueinander zu verlaufen und nie übereinander zu liegen.

In Abbildung 4.4 (b) ist ein Ausschnitt von 26 µm × 26 µm gezeigt, indem nur Fortsätze der Schwann-Zellen zu sehen sind. Bei dieser Abbildung verlaufen die Fortsätze von oben nach unten. Die Breiten der einzelnen Fortsätze unterscheiden sich deutlich und liegen zwischen 200 nm und 3 µm, wobei sich die Breite eines einzelnen Fortsatzes in sich teilweise schon sehr stark variiert. Die Höhe der einzelnen Fortsätze ist mit der Breite korreliert. So sind an den breitesten Stellen die größten Erhöhungen von bis zu 1.8 µm zu beobachten. Zur besseren Darstellung der kleineren Fortsätze wurde auch in diesem Bild die dargestellte Höhe etwas herunter skaliert. Mittig im unteren Bereich der Abbildung ist ein kleiner Fortsatz (gestrichelter weißer Kreis) zu sehen, der von einem dickeren Fortsatz horizontal über einen weiteren kleinen Fortsatz verläuft, bis er nach einem Knick senkrecht nach unten aus der Abbildung verschwindet. Interessanterweise ist bei der Überschneidung keine lokale Erhöhung am Fortsatz zu beobachten, wie sie bei der Überlagerung zweier Stränge eigentlich zu erwarten wäre.

Zusammenfassend bei der Untersuchung der Schwann-Zellen lässt sich feststellen, dass ein Abbilden mit dem Rasterionenleitfähigkeitsmikroskop möglich ist. Die Strukturen, die im optischen Phasenkontrastbild zu sehen sind, konnten abgebildet werden, sodass Informationen über die vertikale Ausdehnung der Zellkörper und der Fortsätze gewonnen werden konnten. Zudem ist es ebenfalls möglich, die Fortsätze hoch aufgelöst darzustellen. Jedoch bleibt festzustellen, dass die Qualität dieser Topographiebilder nicht so gut ist wie die der Topographiebilder von den MDCK-II Zellen. Dies liegt daran, dass die Schwann-Zellen viel sensibler sind und auch schneller absterben. Bei einer hier nicht gezeigten Messung wurde beobachtet, wie sich zunächst die Fortsätze bei einer Zelle zurückgebildet haben, bevor sich schließlich auch der Zellkörper aufgelöst hat. Um weitere Untersuchungen zu machen, müsste auf jeden Fall eine geregelte Heizvorrichtung und eine Steuerung der CO_2-Konzentration in den Aufbau integriert werden, sodass auch Langzeitmessungen möglich werden. Trotz dieser momentan noch vorliegenden Defizite am Mikroskop konnte wiederholt bestätigt werden, dass das Rasterionenleitfähigkeitsmikroskop ein brauchbares Werkzeug für die Untersuchung von lebenden Zellen ist.

5 Modifizierte Abbildungstechniken

5.1 Abstandsregelung mit logarithmierter Amplitude

In diesem Abschnitt wird eine Verbesserung der Abstandsregelung für den z-Modulations-Modus (Abschnitt 2.5.3) beschrieben, der ein schnelleres Abscannen von Oberflächen erlaubt. Hierfür wird zunächst die Funktionsweise der Abstandsregelung über den z-Modulations-Modus anhand eines fiktiven Beispiels erklärt und ein dadurch verbundenes Problem erörtert. Durch theoretische Überlegungen wird eine Lösung für dieses Problem hergeleitet und anhand von experimentellen Daten wird die Brauchbarkeit der modifizierten Abstandsregelung diskutiert.

5.1.1 Theoretische Überlegungen

In Abschnitt 2.5.3 wurde anhand der Abbildung 2.4 schon die Abstandsregelung bei Verwendung des z-Modulations-Modus beschrieben. So wird bei der Regelung des Abstands zwischen Pipettenspitze und Probenoberfläche das abstandsabhängige Verhalten der Amplitude des Ionenstromsignals verwendet. Bei großen Spitzen-Proben-Abständen beträgt die Amplitude ungefähr null und nimmt bei immer kleiner werdenden Abständen zu. Diese Zunahme der Amplitude erfolgt dabei mit einem ähnlichen physikalischen Verhalten, wie der Abfall des Ionenstroms. Anhand von Abbildung 5.1 wird die resultierende Problematik und die Lösung für eine bessere Abstandsregelung im Folgenden Schritt für Schritt diskutiert.

In Abbildung 5.1 ist die Amplitude bei Annäherung einer Pipettenspitze an eine Oberfläche gegen eine z-Piezoausdehnung in Form der roten durchgezogenen Linie dargestellt. Die gezeigte Amplitude wurde durch einen exponentiellen Fit an experimentelle Werte ermittelt, welcher die experimentellen Werte über die dargestellte Distanz der z-Piezoausdehnung recht genau wiedergibt. Somit wird ein echtes Amplitudenverhalten von den dargestellten Daten repräsentiert. Durch die Darstellung eines Fits ist die Amplitude rauschfrei und für die theoretische Beschreibung besser geeignet. Obwohl die Amplitude laut Definition dieselbe Einheit wie der Strom hat, wird die Amplitude im weiteren Verlauf ohne Einheiten angegeben. Der Grund hierfür ist, dass das Stromsignal, welches zur Berechnung der Amplitude verwendet wird, zunächst gefiltert und anschließend noch verstärkt wird, jedoch ist zur Einstellung der Messparameter immer die dargestellte Amplitude relevant. Zur Unterscheidung von anderen Parametern wird die absolute Amplitude im Folgenden immer mit einem A gekennzeichnet.

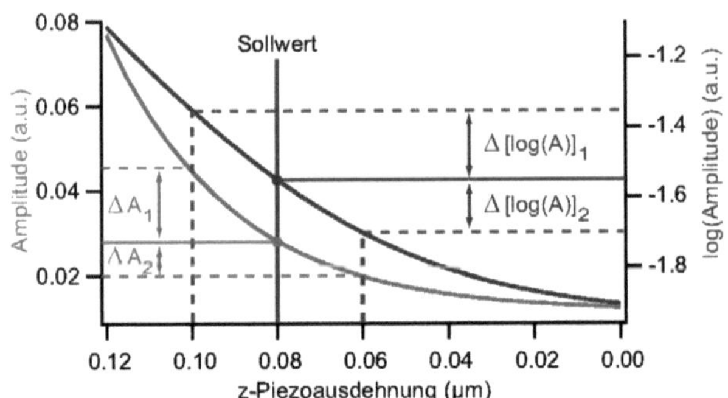

Abbildung 5.1: *Darstellung der Amplitude, welche aus einem exponentiellen Fit an experimentellen Daten gewonnen wurde, und von der logarithmierten Amplitude gegen die z-Piezoausdehnung zur Diskussion der Vorteile der Verwendung der logarithmierten Amplitude zur Abstandsregelung.*

Bei einer z-Piezoausdehnung von 0.00 µm ist die Amplitude bei etwa $A = 0.015$ und nimmt mit immer größer werdender z-Piezoausdehnung zu. Zum Abbilden mit dem z-Modulations-Modus muss somit ein größerer Amplitude als $A = 0.015$ für den Sollwert der Amplitude, A_{soll}, angegeben werden, damit die Regelelektronik den Spitzen-Proben-Abstand verringern kann, bis die gemessene Amplitude dem Sollwert entspricht. In der Abbildung wird ein fiktiver Sollwert durch einen festen Wert in der z-Piezoausdehnung von 0.08 µm definiert (graue durchgezogene Linie). Dies ist gerechtfertigt, da die z-Piezoausdehnung einem festen Spitzen-Proben-Abstand mit unbekanntem Offset entspricht. Der Sollwert der Amplitude, dargestellt durch die rote horizontale Linie, beträgt damit $A_{\text{soll}} = 0.028$.

Nun wird der Fall betrachtet, der eintritt, wenn die Pipette über eine ebene Oberfläche scannt und plötzlich über eine Vertiefung, bzw. Erhöhung mit einer Höhenänderung von 20 nm zur ebenen Oberfläche scannt. Bei diesem Szenario werden nur die instantanen Veränderungen des Spitzen-Proben-Abstands betrachtet. An der Vertiefung ist der Spitzen-Proben-Abstand also um 20 nm vergrößert worden, was zu einer niedriger gemessenen Amplitude führt. In Abbildung 5.1 wird diese Amplitude an der z-Piezoausdehnung von 0.06 µm abgelesen und beträgt $A = 0.020$. Bei einer Erhöhung sieht es genau anders herum aus und die Amplitude wird an der Position der z-Piezoausdehnung von 0.10 µm zu $A = 0.046$.

Für die Regelelektronik wird die gemessenen Amplitude mit dem eingestellten Sollwert verglichen und die Differenz wird gebildet. So ergibt sich für die Erhöhung ein Wert von $\Delta A_1 = 0.018$ und bei der Vertiefung ein Wert von $\Delta A_2 = -0.08$. Für die Abstandsregelung werden die erhaltenen Differenzwerte zeitlich integriert und mit einem fest eingestellten Verstärkungsfaktor (englisch: *gain*[1]) multipliziert, was schließlich zum eigentlichen

[1] Da hier ein zeitlich integrierter Wert mit dem Verstärkungsfaktor multipliziert wird, wird zur Unterscheidung von anderen möglichen Regelwerten auch der Begriff „integral gain" oder kurz „i-gain" verwendet.

Regelwert führt. Die zeitliche Integration führt dazu, dass die Regelelektronik den Spitzen-Proben-Abstand nicht abrupt ändert, was zur Anregung von Resonanzen im Regelkreis führen und damit ein genaues Abbilden unmöglich machen würden. Bei der Wahl des Verstärkungsfaktors muss darauf geachtet werden, dass beim Abbilden die topographischen Strukturen der Oberfläche möglichst gut abgebildet werden, dabei aber gleichzeitig keine Resonanzen angeregt werden. Da die Geschwindigkeit der Regelung nun aber direkt vom Differenzwert abhängt, liegt das Problem vor, dass die Regelung bei der fiktiven Vertiefung ($\Delta A_2 = -0.008$) viel langsamer arbeitet als bei der Erhöhung ($\Delta A_1 = 0.018$). Der Betrag des Verhältnisses der beiden Differenzen ($|\Delta A_1/\Delta A_2|$) beträgt hier 2.25. Im idealen Fall sollte das Verhältnis der Differenzen 1 betragen, damit die Regelung in beiden Richtungen gleich schnell arbeitet.

Um die Abstandsregelung zu verbessern, wurde eine einfache Modifikation vorgenommen, welche aus der Rastertunnelmikroskopie bekannt ist [Che07]. So wurde das Regelsignal nicht mehr über die Differenzen der Amplitude bestimmt sondern über Differenzen des Logarithmus der Amplitude. In Abbildung 5.1 ist die logarithmierte Amplitude in blau dargestellt. Da für einen Vergleich der Sollwert für die Regelung dem selben Spitzen-Proben-Abstand wie bei der Amplitudenregelung entsprechen muss, ist der Sollwert ebenfalls an der Position z-Piezoausdehnung 0.08 µm abzulesen. Das Szenario von einer 20 nm Vertiefung, bzw. Erhöhung wurde ebenfalls im Graphen eingezeichnet. Beim Berechnen der Differenzen der gemessenen logarithmierten Amplitude zum eingestellten Sollwert ergeben sich für das Überfahren der Erhöhung ein Wert von $\Delta\,[\log(A)]_1 = -0.21$ und für die Vertiefung ein Wert von $\Delta\,[\log(A)]_2 = 0.16$. Der Betrag des Verhältnisses der Differenzwerte ($|[\Delta \log(A)]_1\,/\,[\Delta \log(A)]_2|$) beträgt in diesem Fall 1.31 und ist somit dem idealen Wert von 1 um einiges näher als das Verhältnis der Differenzen aus den Amplituden.

5.1.2 Anwendungen

Um zu testen, ob die Verwendung der logarithmierten Amplitude eine wirkliche Verbesserung der Abstandsregelung bedeutet, wurde zunächst eine Strom-Abstands-Kurve gemessen (Abbildung 5.2). Wie in der Abbildung bei der theoretischen Beschreibung sind sowohl das Amplitudensignal (rot) als auch der Logarithmus der Amplitude (blau) gegen die z-Piezoausdehnung aufgetragen.

Die Kurve der Amplitude zeigt unabhängig vom Messwert über die komplette Abstands-Kurve ein konstantes Rauschverhalten, wie es auch beim gemessenen Ionenstrom vorliegt. Das Rauschen der logarithmierten Amplitude zeigt jedoch ein unterschiedliches Verhalten. So ist in den Bereichen, an denen eine geringe Amplitude gemessen wurden, das Rauschen der logarithmierten Amplitude viel größer als dort, wo eine höhere Amplitude gemessen wurde. Wie stark sich dieser Effekt negativ auf eine Messung auswirkt und ob dieser Rauscheffekt die Abstandsregelung stärker nachteilig beeinflusst als das die gleichmäßigere Abstandsregelung in beiden Richtungen vorteilhaft beeinflusst, lässt sich anhand des Graphen alleine nicht abschätzen und muss durch experimentelle Scans ermittelt werden.

Im Anschluss zur Strom-Abstands-Messung wurde daher mit derselben Pipette Oberflächenscans durchgeführt. Um einen aussagekräftigen Vergleich der beiden Abstandsre-

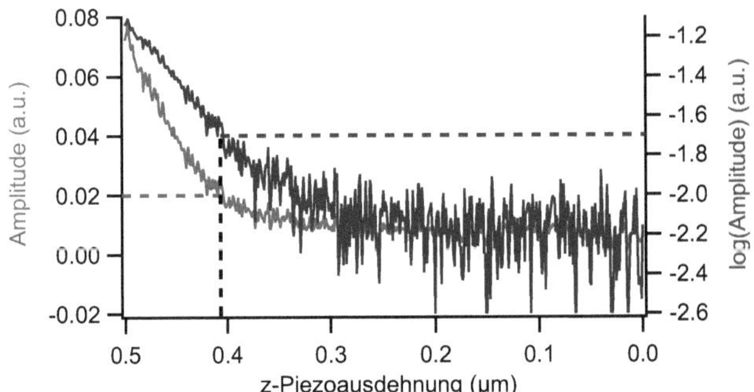

Abbildung 5.2: *Darstellung von einer experimentell ermittelten Amplitude und logarithmierten Amplitude gegen die z-Piezoausdehnung zur Illustration des Rauschproblems bei der Abstandsregelung mit der logarithmierten Amplitude und zur Bestimmung der Sollwerte für gleiche Spitzen-Proben-Abstände für eine Vergleichsmessung.*

gelungsmechanismen zu gewährleisten, wurden die Sollwerte für die Abstandsregelung anhand des vorliegenden Graphen so bestimmt, dass während des Scans bei beiden Regelmechanismen ein gleicher Spitzen-Proben-Abstand vorliegt. So wurde als Sollwert für die Abstandsregelung mit der Amplitude ein Wert von $A_{\text{soll}} = 0.02$ gewählt. Für den Sollwert der Abstandsregelung mit der logarithmierten Amplitude ergibt sich damit über die graphische Bestimmung ein Wert von $[\log(A)]_{\text{soll}} = -1.7$.

Als Probe wurde ein PDMS (Polydimethylsiloxan)-Abdruck eines Kalibrationsgitters aus Silizium des Typs TGX01 der Firma *µ-mash* verwendet. Die Gitter besitzen eine schachbrettähnliche Anordnung von Plateaus und Vertiefungen mit einer garantierten Periodizität von 3 µm. Der Höhenunterschied zwischen diesen beiden Niveaus wird mit 0.9 µm angegeben, ist jedoch nur ein Richtwert und kein garantierter Eichwert. Die Vorteile bei Verwendung des Abdrucks und nicht des ursprünglichen Gitters liegt darin, dass das PDMS viel weicher ist als Silizium. Da bei diesen Versuchen die Grenzen der möglichen Messgeschwindigkeiten untersucht und teilweise auch diese Grenzen überschritten werden, ist davon auszugehen, dass die Abstandsregelung teilweise zu langsam arbeiten und somit die Spitze in Berührung mit der Probe kommen wird. Bei einer harten Probe ist jedoch die Wahrscheinlichkeit einer Beschädigung der Pipettenspitze viel größer als bei einer weichen Probe.

Die Ergebnisse der Vergleichsmessungen auf dem PDMS-Abdruck sind in Abbildung 5.3 zu sehen. Insgesamt sind in dieser Abbildung 6 verschiedene Topographiebilder dargestellt. Auf der linken Seite befinden sich die Topographiebilder, die bei der Abstandsregelung über die Amplitude aufgenommen wurden und auf der rechten Seite diejenigen, welche mit der Abstandsregelung über die logarithmierte Amplitude gemessen wurden. Die Skalierung der Höhe ist in jeder Abbildung gleich und geht über 1.5 µm. Die schachbrettförmige An-

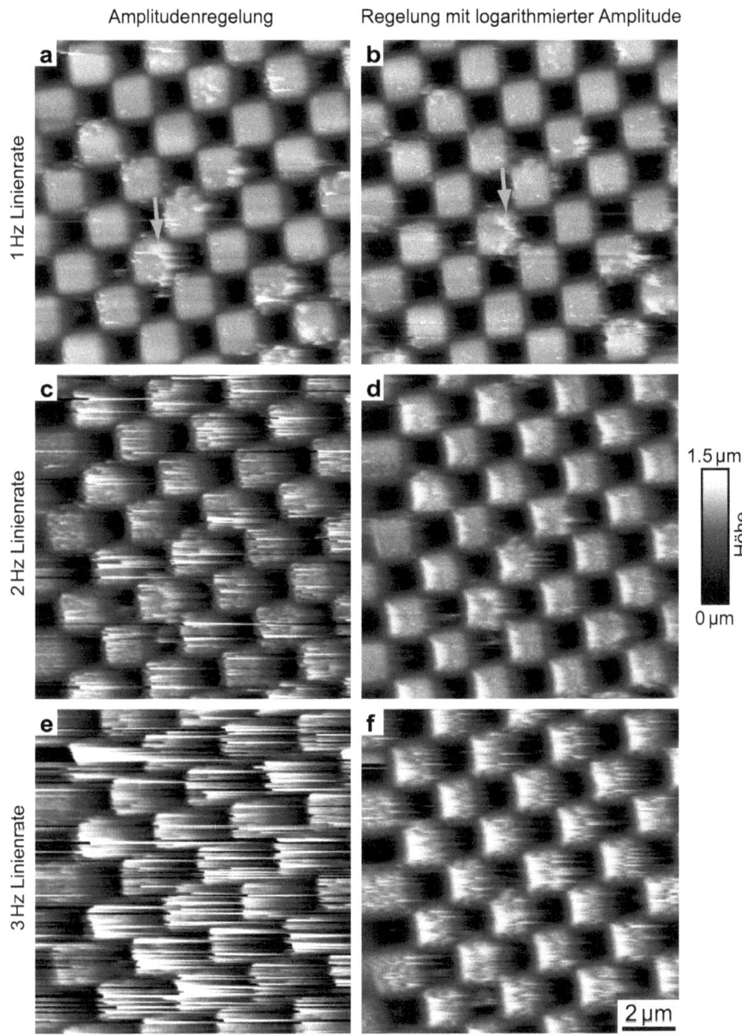

Abbildung 5.3: *Topographiebilder eines PDMS-Abdrucks von einem TGX01-Kalibrationsgitter zum Vergleich zwischen der Abstandsregelung über die Amplitude (a,c,e) und der Abstandsregelung über die logarithmierte Amplitude (b,d,f). (a,b): 1 Hz Linienrate; (c,d): 2 Hz Linienrate; (e,f): 3 Hz Linienrate.*

ordnung der Vertiefungen und Plateaus sind gut in den Abbildungen auszumachen. Die Periodizität entspricht dem Eichwert von 3 µm und der Höhenunterschied zwischen den Erhöhungen und den Vertiefungen beträgt etwa 950 nm.

In den Abbildungen 5.3 (a) und (b) sind die Topographiebilder, welche mit den unterschiedlichen Abstandsregelungen aufgenommen wurden, dargestellt. Die Bilder wurden jeweils mit einer Linienrate von 1 Hz abgescant. Zu beiden Messungen wurde der Verstärkungsfaktor der Regelung jeweils so angepasst, dass gerade noch keine Resonanzen beim Abbilden angeregt wurden. Bei den Abbildungen handelt es sich zudem um sogenannte „Tracebilder". Trace bedeutet, dass nur die beim Scannen von links nach rechts aufgenommenen Daten dargestellt werden. Die Daten des Rückwegs werden dementsprechend als „Retrace" bezeichnet und bei einer idealen Abbildung einer Oberfläche sollten die Trace- und Retracebilder gleich sein. Bei den dargestellten Tracebildern sind auch ohne Betrachtung der Retracebilder einige Artefakte des vergleichsweise schnellen Scannens über recht hohe Strukturen zu sehen. So werden in beiden Abbildungen einige der Schmutzpartikel, die auf den Erhöhungen auszumachen sind, nach rechts hin verschmiert dargestellt (graue Pfeile). Im linken Bild kommt zu diesen Verschmierungen noch hinzu, dass an den Stellen, wo die Spitze in die Vertiefungen hineingefahren ist, ein leichter rötlicher Schatten zu beobachten ist, der beim Herausfahren aus den Vertiefungen nicht vorhanden ist. Dies bedeutet, dass die Abstandsregelung beim Verringern des Spitze-Proben-Abstands zu langsam gearbeitet hat um die Strukturen richtig darzustellen. Bei der rechten Abbildung, die mit der logarithmierten Amplitude aufgezeichnet wurde, sehen die Vertiefungen an den Stellen, wo die Pipettenspitze hineingefahren ist, genauso aus wie an den Stellen, wo die Spitze wieder hinausgefahren ist.

Der Vorteil bei der Abstandsregelung über die logarithmierte Amplitude wird durch Vergleich der Topographiebilder in den Abbildungen 5.3 (c) und (d) noch deutlicher, die jeweils mit einer Linienrate von 2 Hz aufgenommen wurden. Bei der Abstandsregelung mit der Amplitude in Abbildung 5.3 (c) sind die Strukturen von Erhöhungen und Vertiefungen zwar immer noch gut auszumachen, doch zusätzlich zu den rötlichen Schatten an den Stellen, wo die Spitze in die Vertiefungen eingedrungen ist, sind an verschiedenen Stellen, an denen die Spitze wieder aus den Vertiefungen hinausgefahren ist, erhebliche Verschmierungen zu erkennen. Im Topographiebild in Abbildung 5.3 (d), welches mit der Abstandsregelung über die logarithmierte Amplitude aufgenommen wurde, ist diesmal auch ein leichter rötlicher Schatten auf der linken Seite einer jeden Vertiefung zu erkennen und auch beim Herausfahren aus den Vertiefungen werden die Kanten der Plateaus zu hoch dargestellt. Trotzdem sind beide Scanartefakte deutlich weniger stark ausgeprägt als in Abbildung 5.3 (c).

Anhand der Abbildungen 5.3 (e) und (f) ist zu erkennen, dass die Abstandsregelung mit der Amplitude bei Linienraten von 3 Hz die vorhandenen Strukturen nicht ordentlich abbilden kann. Das Topographiebild zeigt fast nur noch Verschmierungen, die an den Stellen entstehen, an denen die Pipettenspitze aus den Vertiefungen hinausgefahren ist. Dabei wurde der Abstand zwischen Spitze und Probe soweit vergrößert, dass die Zeit zum Zurückfahren nicht ausreichte um das Plateau wieder abbilden zu können, sondern der Sollwert der Amplitude wurde erst wieder in den Vertiefungen erreicht. Somit ist die eigentliche schachbrettförmige Struktur der Probe kaum noch zu erkennen. Beim Abbilden mit einer Linienrate von $3\,Hz$ mit der logarithmierten Amplitude (Abbildung 5.3 (f))ist die Qualität des Topographiebildes zwar nicht besonders gut, aber im Gegensatz zum Topographiebild, welches mit der Abstandsregelung mit der Amplitude aufgenommen wurde, ist das Schachbrettmuster weiterhin deutlich zu erkennen.

Es lässt sich zusammenfassend feststellen, dass die Abstandsregelung über die logarithmierte Amplitude klare Vorteile gegenüber der Abstandsregelung über die reine Amplitude hat. Jedoch ist besonders bei dieser Messmethode ein geringes Ionenstromrauschen wichtig, da dieses stärker in das Regelsignal mit einfließt als bei der Abstandsregelung über die Amplitude.

5.2 Relativer-Trigger-Modus

Zum Abschluss dieses Kapitels wird noch ein weiterer Abbildungsmodus beschrieben, welcher besonders geeignet ist, um Strukturen mit sich sprunghaft ändernden Höhenstrukturen abzubilden. Bei diesem Realtiven-Trigger-Modus wird die Spitze, wie bei einer Strom-Abstands-Kurve, senkrecht an die Oberfläche angenähert. Der Ionenstrom beim Start der Strom-Abstands-Kurve wird dabei als Ausgangswert genommen und die Pipettenspitze nähert sich solange der Oberfläche an, bis sich der gemessene Ionenstrom um eine fest voreingestellte Abweichung vom Ausgangswert unterscheidet. Dies bedeutet, dass eine relative Abweichung des Ionenstroms zur Abstandsregelung verwendet wird. Die Position bei einer Strom-Abstands-Kurve, bei der die Abweichung vom Ausgangswert des Ionenstroms erreicht wurde, wird auch als Triggerpunkt bezeichnet. Nachdem dieser Triggerpunkt bei einer Strom-Abstands-Kurve erreicht wurde, wird der Spitzen-Proben-Abstand in der gleichen Geschwindigkeit wie bei der Annäherung in einer soganennten Rückzugsbewegung, um eine voreingestellte Distanz, vergrößert. Anschließend wird die laterale Position verändert und eine nächste Strom-Abstands-Kurve wird gestartet. Auf diese Weise wird die Oberfläche Punkt für Punkt gescannt.

Bei dieser Messmethode handelt es sich um eine Anwendung einer Abbildungsmethode, die bei der Rasterkraftmikroskopie als Force-Mapping-Modus bekannt ist [Bas94, Rad94, Wer94] und wird in Abschnitt 6.5 noch ausführlicher bei einer Anwendung mit der Scherkraftabstandskontrolle (Abschnitt 6.5) erläutert.

Da die Stromdrift in der Regel langsam verläuft ändert sich der Sättigungsstrom während einer Strom-Abstands-Kurve kaum und somit kann auch diese Abstandsregelung als annähernd frei von Drifteinflüssen betrachtet werden. Bei den verschiedenen Strom-Abstands-Kurven und den Rückzugsbewegungen werden immer recht große Bewegungen vom Piezo vollzogen, was dazu führt, dass nur vergleichsweise langsam über eine Probe gescannt werden kann. Beim Abbilden mit dieser Methode wird oft nicht mehr von Linienraten gesprochen sondern von einer Punktrate, da sich hier die Messzeit direkt aus der Rate der Strom-Abstands-Kurven ergibt.

Die Vorteile des Relativen-Trigger-Modus werden anhand von Abbildung 5.4 deutlich. Als zu untersuchende Probe wurde Kollagen verwendet. Kollagen ist ein Strukturprotein welches in den meisten Fällen als Kollagenfasern auftritt. Kollagenfasern besitzen eine enorme Zugfestigkeit und sind nicht dehnbar und der Durchmesser von einzelnen Kollagenfasern

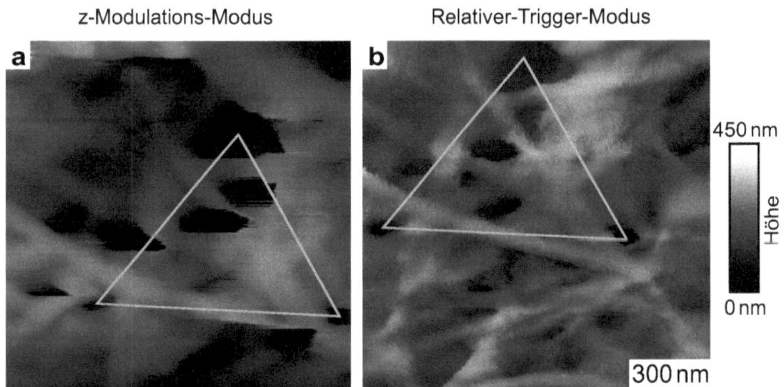

Abbildung 5.4: *Topographiebilder von Kollagenfasern aufgenommen mit dem z-Modulations-Modus (a) und mit dem Relativen-Trigger-Modus (b). Zur Verdeutlichung, dass bei beiden Topographiebildern der gleiche Bereich abgebildet wurde, ist jeweils ein Dreieck eingezeichnet worden, welches drei markante Punkte, die in beiden Topographiebildern dargestellt sind, verbindet.*

kann bis zu mehreren hundert Nanometern betragen [Boz07]. Für das Abbilden bedeutet dieses, dass die Spitze, wenn sie vom Substrat über eine Kollagenfaser scannt, einen Höhenunterschied von über hundert Nanometern auf einmal überwinden muss, da in einem solchen Fall kein kontinuierlicher Höhenübergang vorhanden ist.

Zum Vergleich zwischen dem z-Modulations-Modus und dem Relativen-Trigger-Modus sind die Topographiebilder eines 1.8 µm × 1.8 µm großen Bereichs, in dem verschiedene Kollagenfasern zu erkennen sind, dargestellt. Um den Vergleich zu erleichtern, wurden beide Bilder in der Höhe gleich skaliert. Das hellgraue Dreieck dient als Registration des gleichen Oberflächenbereichs. Für die Eckpunkte des Dreiecks wurden markante Punkte der Topographiebilder gewählt, die in beiden Abbildungen zu sehen sind. Die Verschiebung der Dreiecke zeigt, dass zwischen den beiden Messungen eine laterale Drift von einigen hundert Nanometern in x- und y-Richtung stattgefunden hat.

Das Topographiebild in Abbildung 5.4 (a), welches mit dem z-Modulations-Modus aufgenommen wurde, zeigt deutliche und auch abrupte Höhenunterschiede auf der Probe, doch die Position von einzelnen Kollagenfasern kann nur schwer erahnt werden. Zudem sind an den oberen und unteren Kanten von verschiedenen Vertiefungen, die wahrscheinlich den Raum zwischen zwei Kollagenfasern wiedergeben, Artefakte dieses Abbildungsmodus zu sehen. So scheinen die Kanten von mehreren der Vertiefungen genau horizontal, also genau entlang einer Scanlinie, zu liegen. Die Probe wurde extra langsam abgebildet, um ein vergleichsweise gutes Ergebnis zu erzielen. So lag die Linienrate bei 0.15 Hz, was bei 512 × 512 Datenpunkte zu einer Messzeit von fast einer Stunde führte.

Das mit dem Relativen-Trigger-Modus aufgenommene Topographiebild hingegen lässt eine deutliche Struktur von Fasern erkennen (Abbildung 5.4 (b)). Die Breite der einzelnen Fasern beträgt jeweils um die 100 nm und die maximal gemessenen abrupten Höhenunterschiede betragen 250 nm. Bei dieser Messung betrug die Rückzugsbewegung nach Erreichen des Triggerpunktes 300 nm. Die Rückzugsbewegung wurde somit den in der Topographie zu erwartenden Höhenunterschieden angepasst, wodurch eine schnellere Punktrate erreicht werden konnte. Die Punktrate betrug 35 Hz und es wurden 256×256 Datenpunkten aufgenommen. Da auch hier ein Trace- und ein Retracebild aufgenommen wurde, betrug die komplette Messzeit knapp über eine Stunde und ist damit sogar nur ein wenig größer als beim Abbilden mit dem z-Modulations-Modus.

Auch wenn bei der Messung mit dem Relativen-Trigger-Modus nur ein Viertel an Datenpunkten, zum Vergleich zur Messung mit dem z-Modulations-Modus, aufgenommen wurde, ist der Informationsgehalt im Bild um einiges größer. Somit ist diese Abbildungsmethode eine wirkliche Verbesserung, wenn Strukturen untersucht werden sollen, die abrupte Höhenänderungen von mehreren hundert Nanometern oder mehr haben.

6 Kombiniertes Rasterionenleitfähigkeitsmikroskop mit Scherkraftabstandskontrolle

Bei einigen Proben gibt die Abstandsregelung über den Ionenstrom nicht unbedingt die wahre topographische Struktur der Probe wieder. So ist es bei biologische Proben möglich, dass keine homogene Verteilung von Leitfähigkeiten an der Oberfläche vorliegt, wie zum Beispiel in der Nähe von Ionenkanälen, und somit würden durch diese Inhomogenitäten Artefakte in der gemessenen Topographie auftauchen. Jedoch eröffnet gerade die Möglichkeit einer Charakterisierung von solchen Inhomogenitäten interessante und auch vielversprechende Fragestellungen. Zum Beispiel könnten die Tight Junctions bei Zellverbänden von Epithelzellen eingehend erforscht und die Funktionalität der Proteinkomplexe charakterisiert werden. Um Unterschiede in der lokalen Leitfähigkeit zu messen, muss jedoch ein zusätzlicher ionenstromunabhängiger Abstandsregelmechanismus verwendet werden.

Eine Möglichkeit der Abstandsregelung ist über eine Kombination mit einem rasterkraftmikroskopischen Ansatz realisiert worden [Pro96]. Hierbei wird eine gebogene Pipette verwendet [Sha92, Lew03], die anschließend noch mit einer dünnen reflektierenden Metallschicht versehen wird und somit wie ein Federbalken beim Rasterkraftmikroskop verwendet werden kann. Die gebogene Pipette wird, wie im Tapping mode [Han94 b] mit einem Piezo zur Schwingung angeregt und die Amplitude dieser Schwingung wird über optische Detektion ermittelt. Mit diesem auf dem Tapping mode basierenden Rasterionenleitfähigkeitsmikroskop können selbst detaillierte Prozesse von der Synthese von organischen und nichtorganischen Materialien untersucht werden [Sch97].

Eine weitere vielversprechende Möglichkeit der ionenstromunabhängigen Abstandsregelung wurde mithilfe einer Scherkraftabstandskontrolle verwirklicht [Nit97]. Bei dieser Technik, die schon aus dem Bereich der Rasternahfeldmikroskopie bekannt ist [Bet92, Tol92], wird eine dünne Glasfaser mithilfe eines Piezos in eine laterale Schwingung versetzt. Beim Annähern der schwingenden Glasfaser an eine Oberfläche wird die Amplitude der Schwingung durch auftretende Scherkräfte zwischen der Spitze der Glasfaser und der Probenoberfläche gedämpft. Bei dem Konzept der ersten Aufbauten wird das Amplitudensignal über optische Detektion gemessen und zur Abstandsregelung verwendet. Bei einer Weiterentwicklung wird die Glasfaser mit einer Stimmgabel zur Schwingung angeregt und die Amplitude der Schwingung wird ebenfalls mithilfe der Stimmgabel detektiert [Kar95]. Die Scherkraftabstandskontrolle ist zudem geeignet um Proben in Flüssigkeiten abzubilden [Moy96] und auch biologische Proben, wie Zellen, können abgebildet werden. Die Ausübung von lateralen Kräften von der Spitze der Glasfaser auf die Zelle können beim Abbilden unter 100 pN liegen [Bru97] und sind damit geringer als in vielen rasterkraftmikroskopischen Anwendungen.

Gerade die Möglichkeit ohne Ausübung von großen Kräften Proben abbilden zu können, lässt eine Kombination eines Rasterionenleitfähigkeitsmikroskops mit einer Scherkraftabstandskontrolle als besonders lohnenswert erscheinen. In diesem Kapitel wird ein neuer Ansatz bei der Detektionsmöglichkeit der Scherkräfte gezeigt [Sch06 a] und auch neue Rastermethoden für das kombinierte Mikroskop werden vorgestellt und diskutiert [Böc07]. Zum Abschluss dieses Kapitels wird ein direkter Vergleich zwischen der Abstandsregelung mithilfe der Scherkräfte und der Abstandsregelung über den Ionenstrom durchgeführt.

6.1 Aufbau des kombinierten Mikroskops

Bei der Konzeption des Aufbaus für das kombinierte Rasterionenleitfähigkeitsmikroskop mit Scherkraftabstandskontrolle wurde zunächst darauf geachtet, dass der ursprüngliche Aufbau des Rasterionenleitfähigkeitsmikroskops, wie er schon zuvor in Abbildung 2.1 gezeigt wurde, beibehalten wird und die Scherkraftabstandskontrolle als unabhängige Erweiterung fungiert.

Zur Detektion der Schwingungsamplitude wird eine optische Vorrichtung verwendet wie sie bei Bielefeld *et al.* beschrieben wird [Bie94]. Bei dieser Methode wird zunächst ein fokussierter Laserstrahl auf die Glasfaser gerichtet, welche mit einem Piezo in eine laterale Schwingung versetzt wird. Der Laserstrahl verläuft parallel zur Probe und trifft nahe der Spitze auf die Glasfaser. Der von der Glasfaser gebeugte Laserstrahl trifft anschließend auf eine Photodiode und liefert die Amplitude der Schwingung.

Nitz *et al.* nutzten diese Technik und wendeten sie erstmals auf ein kombiniertes Rasterionenleitfähigkeitsmikroskop mit Scherkraftabstandskontrolle an [Nit97]. Sie zeigten, dass auf diese Weise der Ionenstrom während des Abbildens von Proben unabhängig und nahe der Oberflächen gemessen werden kann und wiesen, beispielsweise, veränderte Ionenleitfähigkeiten an den Poren auf einer Membran nach. Der große Nachteil bei dem verwendeten Aufbau war jedoch, dass die Detektion der Schwingungsamplitude an Luft durchgeführt wurde. Um den Laserstrahl trotzdem nahe an der Spitze der Pipette zu fokussieren, dürfte nur ein dünner Elektrolytfilm auf der zu untersuchenden Probe sein. Dies macht aber besonders Langzeitmessungen und Messungen an biologischen Proben problematisch, da Verdunstungsprozesse die Elektrolytkonzentration während einer Messung verändern. Jedoch würden gerade bei Zellenuntersuchungen osmotische Prozesse zu ungewollten Veränderung der Zellform führen.

Um der Elektrolytkonzentrationsänderung durch Verdunstung vorzubeugen, sollte eine größere Menge an Elektrolytlösung verwendet werden. Bei kleinerer Oberfläche führen die Verdunstungsprozesse dann zu einer geringeren Veränderung der Elektrolytkonzentration und Langzeitmessungen und die Untersuchung von Zellen werden leichter durchführbar. Eine Möglichkeit, in einer größeren Flüssigkeitsmenge zu messen, wurde für das Rasternahfeldmikroskop über ein Taucherglockenprinzip gelöst [Koo03]. Hierbei taucht weiterhin

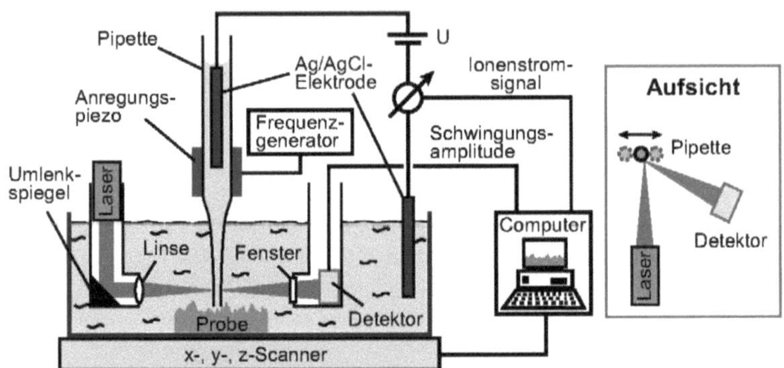

Abbildung 6.1: *Schematischer Aufbau des Rasterionenleitfähigkeitsmikroskops mit Scherkraftabstandskontrolle. Die Schwingungsamplitude der Pipette wird über ein neuartiges optisches Detektionsprinzip, beruhend auf einem Periskopdesign, ermittelt.*

nur die Spitze der Messsonde in den Elektrolyten ein, jedoch befindet sich außerhalb der Taucherglocke ein großes Reservoir an Elektrolyten, sodass Verdunstungsprozesse kaum die Messung beeinflussen.

Für das kombinierte Rasterionenleitfähigkeitsmikroskop mit Scherkraftabstandskontrolle wurde eine vollkommen neue Technik, die auf einem Periskopdesign beruht, entwickelt [Sch06 a]. Im Folgenden wird das Prinzip dieser Technik mithilfe des schematischen Aufbaus des kombinierten Rasterionenleitfähigkeitsmikroskops mit Scherkraftabstandskontrolle beschrieben (Abbildung 6.1).

Der schematische Aufbau zeigt dieselben Komponenten, wie sie schon im schematischen Aufbau des reinen Rasterionenleitfähigkeitsmikroskops in Abbildung 2.1 zu sehen sind. So befindet sich die zu untersuchende Probe unterhalb der gefüllten Pipette in einer mit einem Elektrolyten gefüllten Schale, welche sich auf einem x-, y- ,z-Scanner befindet. Eine Spannung wird zwischen der Pipettenelektrode und der Badelektrode angelegt und das gemessene Ionenstromsignal wird an einen Computer weitergeleitet. Die einzige Komponente die hier nicht mehr vorhanden ist, ist der zusätzliche Modulationspiezo, der aus Konstruktionsgründen nicht integriert wurde.

Anstatt des Modulationspiezos ist bei diesem Aufbau ein Anregungspiezo vorhanden, der über einen Frequenzgenerator angetrieben wird und die Pipette in eine laterale Schwingung versetzt. Zur Detektion der Schwingung der Pipette werden ein Laser und ein Detektor verwendet. Der Laserstrahl wird jedoch nicht parallel zu Oberfläche emittiert, wie in den zuvor beschriebenen Aufbauten, sondern zunächst orthogonal zur Oberfläche. Damit keine Brechungseffekte an der Oberfläche des Elektrolyten auftreten, läuft der Laserstrahl durch ein mit Luft gefülltes Rohr, welches in den Elektrolyten eintaucht. Am unteren Ende des Rohrs befindet sich ein Umlenkspiegel (ein mit einer Metallschicht versehenes Prisma), der den Laserstrahl parallel zur Oberfläche in Richtung Pipette leitet. Anschließend trifft der Laserstrahl auf eine Linse, die einerseits die Grenzfläche zum Elektrolyten darstellt und andererseits den Laserstrahl auf das dünne ausgezogene Ende der Pipette fokussiert. Anschließend wird der Laserstrahl auf einen Detektor geleitet, welcher sich am unteren Ende eines zweiten Rohrs befindet und mit einem Glasfenster vor dem Elektrolyten geschützt wird. Den Detektor bildet eine zweigeteilte Photodiode, wie sie auch bei Rasterkraftmikroskopen zur Detektion der Federbalkenauslenkung verwendet wird. Die Schwingungsamplitude, die mit dem Detektor aufgezeichnet wird, wird anschließend als ein zweites Signal neben dem Ionenstromsignal an den Computer weitergeleitet. Zum Abbilden einer Probe mit der Scherkraftabstandskontrolle wird dann die Schwingungsamplitude für die Abstandsregelung verwendet und der Ionenstrom wird parallel aufgezeichnet.

Die räumliche Anordnung des Detektors zum Laser ist in der Aufsicht (rechts im schematischen Aufbau) gezeigt. Es ist darauf zu erkennen, dass der Laserstrahl orthogonal zur Schwingungsrichtung auf die Pipette trifft und nicht ein transmittierte Strahl zur bestimmung der Schwingungsamplitude verwendet wird, sondern ein reflektierte Strahl. Um Streuungseffekte so gering zu halten, wurde der Detektor so nahe wie möglich am Laser positioniert, und um die Reflektivität der Pipette zu erhöhen, wurde diese vor der Messung noch mit einer etwa 20 nm dicken Gold-Paladium-Schicht besputtert.

6.2 Schwingungsamplitudenverhalten

Zur Abstandsregelung über den Abfall der Schwingungsamplitude durch Scherkräfte wird die Pipette zunächst in eine resonante Schwingung versetzt. Dieses geschieht mit dem Anregungspiezo, welcher über eine sinusförmige Spannung mit einem Frequenzgenerator angetrieben wird. Typische Spannungsamplituden der Anregung liegen zwischen 20 mV bis hin zu 300 mV, was einer effektiven Auslenkung des Anregungspiezos von etwa 50 nm bis hin zu 750 nm entspricht. Zur Bestimmung der Schwingungsamplitude wird zunächst die Pipette in den Fokus des Laserstrahls gebracht und so ausgerichtet, dass das Inensitätssignal auf dem Detektor maximiert ist und gleichzeitig beide Hälften des Detektors ein gleich großes Intensitätssignal liefern. Anschließend werden Resonanzfrequenzen der Pipette über Veränderungen der Frequenzen bei der angelegten Spannung am Anregungspiezo bestimmt.

Das Ergebnis der Messung der Schwingungsamplitude einer Pipette unter Flüssigkeit als Funktion der Frequenz des Anregungspiezos, bei gleichbleibender Amplitude der angelegten Spannung, ist in Abbildung 6.2 dargestellt. Die Anregungsamplitude der angelegten Spannung betrug 100 mV. Die Schwingungsamplitude wurde im Bereich von 1 kHz bis 75 kHz mit einer Schrittweite von 10 Hz aufgezeichnet.

Die erste auftretende Resonanzfrequenz trifft bei etwa 1.7 kHz auf. Obwohl das Signal recht stark bei dieser Anregungsfrequenz ist und bei einer sehr ähnlichen Frequenz bei jeder Pipette beobachtet wird, wird diese Resonanz aufgrund der geringen Frequenz nicht zum Abbilden verwendet. Die zweite etwas stärker ausgebildete Resonanz ist bei einer Anregungsfrequenz von 12.6 kHz zu beobachten. Diese Resonanz ist zwar bei allen Pipetten

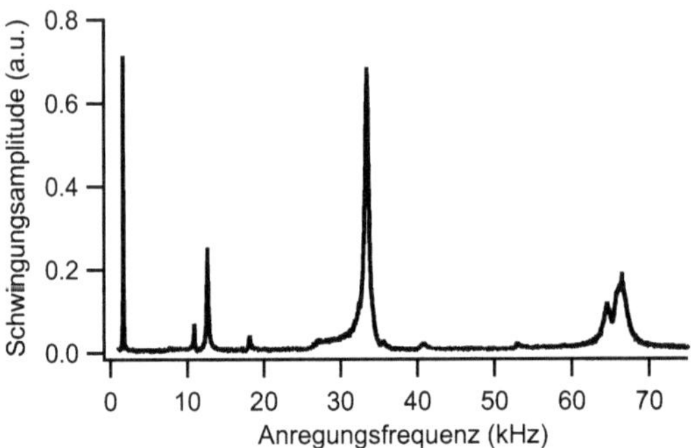

Abbildung 6.2: *Schwingungsamplitude einer Pipette in Flüssigkeit gegen die Anregungsfrequenz.*

zu beobachten, doch die jeweilige Frequenz variiert zwischen etwa 11 kHz und 19 kHz und auch die Schwingungsamplitude variieren stark von Pipette zu Pipette. Trotzdem kann diese Resonanz in manchen Fällen zum Abbilden verwendet werden, typischerweise wurde jedoch die dritte, stark ausgebildete Resonanz verwendet. Diese liegt in der Abbildung bei 33.4 kHz und ist in der Regel sehr stark ausgeprägt. Die typische Frequenz dieser Resonanz liegt zwischen 32 kHz und 37 kHz und die Schwingungsamplitude ist immer in etwa so stark ausgebildet wie bei der Resonanz bei 1.7 kHz. Eine letzte dargestellte Resonanz liegt bei 66.5 kHz. Diese Resonanz ist jedoch immer vergleichsweise schwach ausgeprägt, sodass diese normalerweise nicht zur Abstandsregelung verwendet werden kann. Da die gezeigten Resonanzen bei fast allen Pipetten mit ähnlichen Schwingungsamplituden beobachtet wurden, ist festzustellen, dass die Pipetten ein charakteristisches Schwingungsverhalten zeigen.

Nachdem die Resonanzfrequenzen bestimmt wurden, wird die Pipette bei einer der Resonanzen (für die in dieser Arbeit gezeigten Messungen typischerweise bei etwa 34 kHz) in Schwingung versetzt und an die Oberfläche angenähert. Wenn die Pipette die Oberfläche erreicht, wird die Schwingungsamplitude durch die auftretenden Scherkräfte zwischen Pipettenspitze und Oberfläche gedämpft. In der Regel fällt dabei die gemessene Schwingungsamplitude über wenige Nanometer vollständig ab, jedoch wird in Ausnahmefällen auch ein langsames Abfallen der Schwingungsamplitude bzw. sogar ein Ansteigen der Schwingungsamplitude beobachtet. In solchen Fällen wird eine andere Resonanz verwendet und wenn diese Resonanz ein ähnliches Verhalten zeigt, ist die Pipette nicht zum Abbilden mit der Scherkraftabstandskontrolle zu verwenden.

In Abbildung 6.3 ist eine Annäherungskurve der Pipettenspitze an eine Polycarbonatoberfläche dargestellt, in der sowohl die Schwingungsamplitude als auch der Ionenstrom gegen die z-Piezoausdehnung aufgetragen ist. Die Schwingungsamplitude ist in roter Farbe und das Ionenstromsignal in blau dargestellt. Da beide Werte parallel aufgezeichnet wurden, lässt sich das abstandsabhängige Verhalten der beiden Signale anhand dieses Graphens gut miteinander vergleichen.

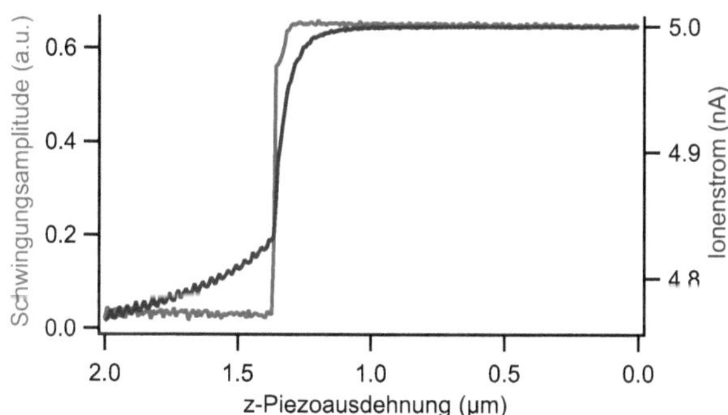

Abbildung 6.3: *Schwingungsamplitude (rot) und Ionenstrom (blau) gegen die z-Piezoausdehnung bei Annäherung einer schwingenden Pipette an eine Polycarbonatoberfläche.*

Die Schwingungsamplitude ist bei sehr großen Spitzen-Proben-Abständen, was hier im Bereich von einer z-Piezoausdehung von 0.0 µm bis 1.0 µm der Fall ist, maximal und nimmt während des Annäherns nicht ab. Bei einer z-Piezoausdehnung von etwa 1.3 µm sind erste Einflüsse der Scherkräfte bei der Schwingungsamplitude zu beobachten. Zunächst nimmt die Schwingungsamplitude über einen Bereich von etwa 50 nm um etwa 12 % ab, bevor diese dann schlagartig innerhalb von wenigen Nanometern auf etwa Null abfällt. Mit immer größer werdenden z-Piezoausdehnungen ändert sich die Schwingungsamplitude nicht mehr.

Der Sättigungsstrom beträgt etwa 5 nA, somit wurde eine Pipette mit einer vergleichsweise großen Spitze für diese Messung verwendet. Im Bereich von großen Spitzen-Proben-Abständen (z-Piezoausdehnung < 1.0 µm) ist der Sättigungsstrom gemessen worden, und bei einer Piezoausdehung von 1 µm fängt der Ionenstrom an abzufallen. Die Form des Abfallens ist, wie in den theoretischen Überlegungen in Abschnitt 2.4 beschrieben, jedoch nur bis zu einer z-Piezoausdehnung von etwa 1.36 µm. Ab diesem Punkt nimmt der Ionenstrom nur noch langsam ab und zusätzlich ist noch eine leichte Oszillation im Signal zu beobachten.

Aus dem abstandsabhängigen Verhalten der beiden Kurven lässt sich schlussfolgern, dass an der Position der z-Piezoauslenkung von etwa 1.36 µm die Spitze der Pipette mit der Polycarbonatoberfläche in Berührung getreten sein muss. Dass der Ionenstrom an dieser Stelle nicht komplett abfällt, kann verschiedene Gründe haben. So kann beispielsweise die Ausrichtung der Oberfläche zur Spitze schräg gewesen sein, sodass bei der Berührung ein Spalt zwischen Pipettenspitze und Probe offen geblieben ist, oder die Pipette kann selber eine unebene Öffnung gehabt haben. Beim weiteren Annähern wurde die Spitze dann wahrscheinlich über die Oberfläche hinweg geschoben oder die Pipette hat sich an einer weiter oberhalb der Spitze gelegenen Stelle verbogen, was beides die beobachteten Oszillation im Ionenstrom erklären würde. Wenn die Spitze in die Polycarbonatfläche hineingedrückt worden wäre, wäre andernfalls ein kompletter Abfall des Ionenstroms im abgebildeten Graphen zu beobachten.

Es lässt sich zusammenfassend feststellen, dass Einflüsse auf den gemessenen Ionenstrom schon bei Reichweiten von mehreren hundert Nanometern zwischen Pipettenspitze und Probenoberfläche gemessen werden können, jedoch Scherkräfte erst bei Spitzen-Proben-Abständen von wenigen Dutzend Nanometern einen Einfluss auf die Schwingung der Pipette haben. Dies deutet darauf hin, dass bei einer Abstandsregelung mithilfe der Schwingungsamplitude gleichzeitig lokale Leitfähigkeitsänderungen auf Proben nachgewiesen werden können.

6.3 Abbildung mit Scherkraftabstandskontrolle und komplementärem Ionenstromsignal

Die ersten Abbildungen mit dem kombinierten Rasterionenleitfähigkeitsmikroskop mit Scherkraftabstandskontrolle wurden noch ohne Verwendung des z-Modulations-Modus aufgenommen. Nachdem die Resonanzfrequenzen bestimmt waren und eine Annäherungskurve auf die Oberfläche aufgezeichnet wurde, um festzustellen, ob die gewählte Resonanz zum Abbilden geeignet ist, wurde als Sollwert für die Abstandsregelung ein Wert angegeben, der etwas unterhalb der Schwingungsamplitude der ungedämpften Schwingung liegt. Auf diese Weise, bei der dasselbe Prinzip wie der vorgestellte Constant-Current-Modus verwendet wird (Abschnitt 2.5.2), ist es bei diesem konventionellen Abstandsregelungsmodus möglich, Langzeitmessungen zu durchzuführen, da die Schwingungsamplitude in der Regel keinen Drifteinflüssen unterliegt.

Eine Probe mit lokalen Ionenleitfähigkeitsunterschieden ist, beispielsweise, eine poröse Polycarbonatmembran, wie sie schon bei der Auflösungsbestimmung mit dem reinen Rasterionenleitfähigkeitsmikroskop verwendet wurde (Abbildung 3.4). Der nominelle Porendurchmesser der Poren beträgt bei der für diesen Versuch verwendeten Polycarbonatmembran 400 nm (Abbildung 6.4).

Das Topographiebild, welches mit der Scherkraftabstandskontrolle aufgenommen wurde, (Abbildung 6.4 (a)) zeigt die vergleichsweise glatte Oberfläche der Membran in einem Bereich von 3 µm × 3 µm. Die unregelmäßig angeordneten Poren sind an den Vertiefungen zu erkennen. Die maximalen Höhenunterschiede, die bei diesem Scan gemessen wurde, betragen etwa 160 nm, jedoch beträgt die dargestellte Höhe im Bild 100 nm, um die Position der Poren deutlicher sichtbar zu machen.

Das Bild in Abbildung 6.4 (b) zeigt die Ionenstromänderungen, die komplementär zur Messung der Topographie aufgenommen wurden. Die Darstellung der Ionenstromänderungen anstatt des absoluten Ionenstroms ist nötig, da während der Messung eine Drift im Ionenstrom aufgetreten ist. So werden die Veränderungen des Ionenstroms immer pro Linie bestimmt und nicht über das ganze aufgenommene Bild, was die Drifteinflüsse auf das dargestellte Ionenstromergebnisse vergleichsweise gering werden lässt. Der Sättigungsstrom betrug während dieser Messung zwischen 2.3 nA und 2.4 nA was bei einer angelegten Spannung von 500 mV und einer verwendeten PBS-Lösung auf eine vergleichsweise kleine Pipettenspitze schließen lässt. Die Änderungen des Ionenstroms während der Aufzeichnung

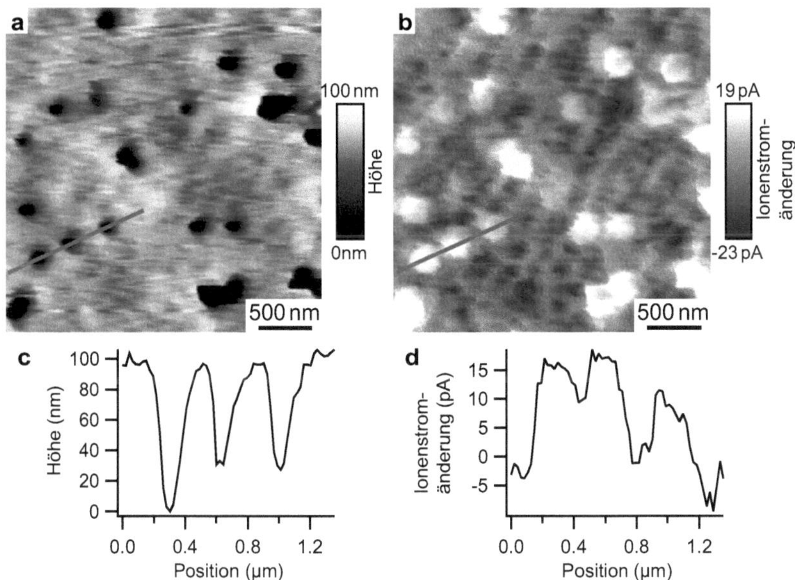

Abbildung 6.4: *Topographiebild, aufgenommen mit der Scherkraftabstandskontrolle, (a) mit gleichzeitig aufgezeichneten Ionenstromänderungen (b) von einer Polycarbonatmembran mit Poren (Durchmesser 400 nm). Das Höhenprofil (c) und das Profil der Ionenstromänderungen (d) sind an derselben lateralen Position des zugehörigen Bildes (dunkelgraue Linie) entnommen worden.*

von einer Linie betrug maximal 42 pA. Um eine klare Abgrenzung zu den Topographiebildern zu gewährleisten, sind alle Bilder in dieser Arbeit, die Ionenstromsignale darstellen, mit einer von schwarz über Blautönen nach weiß verlaufenden Farbskalierung versehen. An dem Bild selber ist zu erkennen, dass an den lateralen Positionen, an denen sich die Poren befinden, ein höherer Ionenstromwert gemessen wurde als auf der ebenen Oberfläche der Membran.

Zur besseren Veranschaulichung der Messergebnisse in den Regionen, an denen sich die Poren befinden, sind zusätzlich zwei Profile abgebildet. Das Höhenprofil in Abbildung 6.4 (c) ist dem Topographiebild aus (a) an der Position der dunkelgrauen Linie entnommen. Insgesamt sind drei Poren anhand der Vertiefungen zu erkennen die mit einer Tiefe von 100 nm bzw. 70 nm abgebildet wurden. Die Poren liegen zwar recht nahe aneinander, sind aber nicht miteinander verbunden. Die Entnahme der Daten aus dem Topographiebild wurde so gewählt, dass das Profil jeweils in etwa durch den Mittelpunkt der einzelnen Poren geht. Die gemessene Breite der Poren an der Öffnung variiert etwa zwischen 200 nm und 270 nm und somit wird die tatsächliche Breite der Poren mithilfe der Scherkraftabstandskontrolle

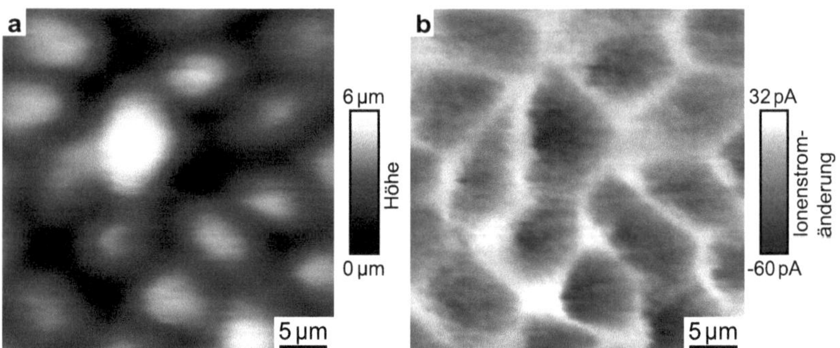

Abbildung 6.5: *Topographiebild, aufgenommen mit der Scherkraftabstandskontrolle, (a) mit gleichzeitig aufgezeichneten Ionenstromänderungen (b) von MDCK-II Zellen.*

in den Topographiebildern um über 100 nm zu klein wiedergeben. Der Grund liegt darin, dass die Scherkräfte zwischen der Pipettenspitze und der Oberfläche immer noch ausreichen um die Schwingungsamplitude zu dämpfen, wenn sich ein Teil der Spitze schon oberhalb einer Pore befindet. Der Grund warum die Poren letztendlich mit einer endlichen Tiefe dargestellt werden, liegt darin, dass, wenn die Pipette in die Poren eindringt, Wechselwirkungen zwischen dem Porenrand und den oberen Bereichen der Pipette auftreten und zum nötigen Abfall der Schwingungsamplitude führen.

Im Profil in Abbildung 6.4 (d) ist die Ionenstromänderung zu sehen, welche von derselben Position auf der Probe stammt wie das Höhenprofil. Zur Verdeutlichung ist die Stelle in Abbildung 6.4 (b) ebenfalls mit einer dunkelgrauen Linie gekennzeichnet. Anhand des Profils ist zu erkennen, dass in drei Bereichen ein erhöhter Ionenstrom gemessen wurde. Bei Vergleich mit dem Höhenprofil befinden sich diese Bereiche an den Stellen, an denen auch die Poren nachgewiesen wurden. Zudem ist festzustellen, dass die Stromwerte zwischen der linken und der rechten Erhöhung nicht auf einen Wert von ungefähr 0 pA wieder abfällt, sondern dass die Ionenstromänderung nur leicht zurückgeht. Also überlappen sich an dieser Position die Bereiche, in denen die Poren einen Einfluss auf das Ionenstromsignal haben. Diese Messung zeigt, dass die Schwingungsamplitude durch die Scherkräfte zwischen Pipettenspitze und Probe reduziert wird, auch wenn die Pipettenspitze sich teilweise oberhalt der Pore befindet. Gleichzeitig wird aber ein erhöhter Ionenstrom gemessen, da der Widerstand aufgrund der Pore unterhalb der Pipettenspitze abnimmt.

Als eine weitere Probe wurden MDCK-II Zellen, wie sie auch schon in Abschnitt 4.1 mit dem reinen Rasterionenleitfähigkeitsmikroskop abgebildet wurden, untersucht (Abbildung 6.5). In Abbildung 6.5 (a) ist das Topographiebild eines 40 µm × 40 µm großen Bereichs von einer Zellschicht dargestellt. Die maximalen Höhenunterschiede betragen etwas mehr als 8 µm, jedoch wurde die dargestellte Höhe auf 6 µm beschränkt, da ein Höhenunterschied von über 8 µm lediglich von einer einzelnen Zelle, welche sich etwa in der Mitte des

Bildes befindet, herrührt, die sich anscheinend auf anderen Zellen befindet und eventuell nicht einmal mehr den Kontakt zur Petrischale hat. Die Form der Zellen erinnert an die Aufnahme der sterbenden Zellen in Abbildung 4.2, jedoch können bei den hier mit der Scherkraftabstandskontrolle abgebildeten Zellen keine Substrukturen beobachtet werden.

Im Bild der Ionenstromänderungen (Abbildung 6.5 (b)) sind Ionenstromänderungen in einem Bereich von 92 pA dargestellt. Der Sättigungsstrom schwankte während dieser Messung zwischen 3.8 nA und 4.2 nA bei einer angelegten Spannung von 200 mV. Die Bereiche mit einem erhöhten Ionenstromsignal bilden eine Art Netzwerk. Beim Vergleich mit dem Topographiebild wird ersichtlich, dass dieses Netzwerk den Bereichen der Zell-Zell-Kontakte entspricht.

Da es sich bei dieser Probe vermutlich um sterbende Zellen handelt sind auch keine Aussagen über die natürlichen Zell-Zell-Kontakte und den Tight Junctions zu machen. Messungen auf „frischen lebenden Zellen“ haben jedoch mit dieser Versuchsanordnung keine brauchbaren Ergebnisse geliefert, was vor allem daran lag, dass die Topographie der Zellen nur kurzfristig oder gar nicht abgebildet werden konnte. Aus diesem Grund wurde versucht eine andere Methode der Abstandsregelung auf das kombinierte Mikroskop anzuwenden, die ein sensibleres Abbilden ermöglicht.

6.4 Scherkraftabstandskontrolle im z-Modulations-Modus

Das Hauptproblem beim Abbilden mit der Scherkraftabstandskontrolle im konventionellen Modus besteht darin, dass die Spitze immer sehr nahe an der Oberfläche ist, wie es aus der Diskussion der komplementären Abstandskurven (Abbildung 6.3) hervorgeht. So beträgt die Reichweite der Scherkräfte nur wenige Nanometer, wobei die Spitze selber meist eine Ausdehnung von mehr als hundert Nanometern hat. Zudem schwingt die Pipette lateral und es ist davon auszugehen, dass die Probe sich nie exakt horizontal unterhalb der Pipettenspitze befindet, sodass eine Regelung, bei der die Pipettenspitze und die Probe nicht in Berührung kommen, nur schwer realisierbar ist.

Mit einem Rasternahfeldmikroskop, bei der die Glasfaser auf den Federbalken eines selbstgebauten Rasterkraftmikroskops gerichtet wurde, sind die Auswirkungen der Wechselwirkungen zwischen Glasfaserspitze und Federbalken untersucht worden [Lap02, Lap04]. Mit diesem Versuchsaufbau konnte nachgewiesen werden, dass bei der Scherkraftabstandskontrolle ein definitiver Kontaktcharakter zwischen der Spitze und der Probe vorhanden ist. Auch wenn diese Messungen in Luft unternommen wurden, ist nach den eigenen bisher gezeigten Daten davon auszugehen, dass auch ein Rasterionenleitfähigkeitsmikroskop mit Scherkraftabstandskontrolle einen Kontaktcharakter hat.

Um die Einflüsse der mechanischen Wechselwirkung zwischen Pipettenspitze und Probenoberfläche zu reduzieren, wurde eine für das Rasterionenleitfähigkeitsmikroskop mit Scherkraftabstandskontrolle neuartige Methode der modulierten Abstandsregelung implementiert [Böc07]. Dabei ist das Prinzip das Gleiche wie bei der Abstandsregelung über die Ionenstromamplitude, welche im Abschnitt 2.5.3 diskutiert wurde und somit kann auch hier der Begriff z-Modulations-Modus verwendet werden. Bei der Anwendung dieser Technik in der Rasterkraftmikroskopie wird der treffende Begriff „Tapping mode" verwendet, welcher zu einer drastischen Qualitätserbesserung beim Abbilden von weichen Proben geführt hat [Zho93, Han94 b, Put94]. Die Anwendung einer abstandsmodulierten Abbildungstechnik hat ebenfalls bei der Scherkraftabstandskontrolle in der Rasternahfeldmikroskopie zu einem Fortschritt beim Abbilden von weichen Proben geführt [Bru00], sodass auch bei dem Rasterionenleitfähigkeitsmikroskop mit Scherkraftabstandskontrolle Verbesserungen in der Abbildungsqualität zu erwarten waren.

Die Modulation des Spitzen-Proben-Abstands wurde in dem verwendeten Aufbau zusätzlich zur Abstandsregelung von der z-Komponente des x-, y-, z-Scanners übernommen, da kein spezieller Modulationspiezo integriert war. Dies führte dazu, dass die Modulationsfrequenzen nur vergleichsweise gering waren ($\leq$ 300 Hz). Die Modulationsamplitude war ähnlich wie bei der Verwendung des z-Modulations-Modus mit dem reinen Rasterionenleitfähigkeitsmikroskop und betrug zwischen 50 nm und 250 nm.

Zum Vergleich der konventionellen und der modulierten Abstandstkontrolle wurde zunächst eine CD-Oberfläche abgebildet (Abbildung 6.6). Die Bilder zeigen einen Bereich der CD-Oberfläche von 7.8 µm × 7.8 µm. Bei beiden Abstandsregelungen wurde eine gleiche Scangeschwindigkeit mit einer Linienrate von 0.13 Hz gewählt und auch der Sollwert für den Abfall der Schwingungsamplitude war bei beiden Messungen gleich. Die Modulationsfrequenz bei der Abstandsregelung mit dem z-Modulations-Modus betrug 100 Hz und die Modulationsamplitude 50 nm.

Im Topographiebild, welches mit der konventionellen Abstandsregelung aufgenommen wurde (Abbildung 6.6 (a)), sind die Pits der CD mit einer dargestellten Tiefe von etwa 70 nm sehr deutlich zu erkennen. Zusätzlich zu den Pits sind noch verschiedene Schmutzpartikel zu erkennen und auch einige waagerechte schwarze Streifen, die jedoch aus Abbildungsfehlern resultieren. Das Topographiebild in Abbildung 6.6 (b) zeigt denselben Ausschnitt der CD, aufgenommen mit dem z-Modulations-Modus. Die dargestellten Pits haben die gleiche Tiefe wie in Abbildung 6.6 (a). Eine Verbesserung der Abbildungsqualität ist unter anderem an der ebenen Oberfläche ohne Pits zu erkennen, welche viel glatter ist. Ebenso sind die Kanten der Pits schärfer und weniger verschmiert abgebildet. Am deutlichsten wird die Verbesserung der Abbildungsqualität jedoch an den Schmutzpartikeln. In Abbildung 6.6 (b) sind die Schmutzpartikel als annähernd rund zu erkennen und haben in etwa ein gaußförmiges Profil. Somit werden die Schmutzpartikel mit dem z-Modulations-Modus ähnlich abgebildet wie beim reinen Rasterionenleitfähigkeitsmikroskop (siehe Abbildung 3.3), wohingegen im Topographiebild, welches mit der konventionellen Abstandskontrolle aufgenommen wurde, die Partikel als diffus und verschmiert erscheinen.

Um die Vorteile des z-Modulations-Modus noch etwas deutlicher zu zeigen, sind die beiden Fehlersignalbilder zusätzlich zu den Topographiebildern abgebildet (Abbildung 6.6 (c) und (d)). Das Fehlersignal wird berechnet über die Differenz zwischen Istwert und Sollwert des Regelsignals und wird für die Regelung der z-Position in der Abstandskontrolle verwendet. Zur Abgrenzung zu den Topographie- und Ionenstrombildern, wurde die Farbskalierung in Purpurtönen gehalten. Das Fehlersignalbild in Abbildung 6.6 (c), welches beim Abbilden mit dem konventionellen Modus entstanden ist, zeigt starke Oszillationen, welche die Fehlersignale, die an den Kanten der Pits entstehen, fast überlagern. In Abbildung 6.6 (d)

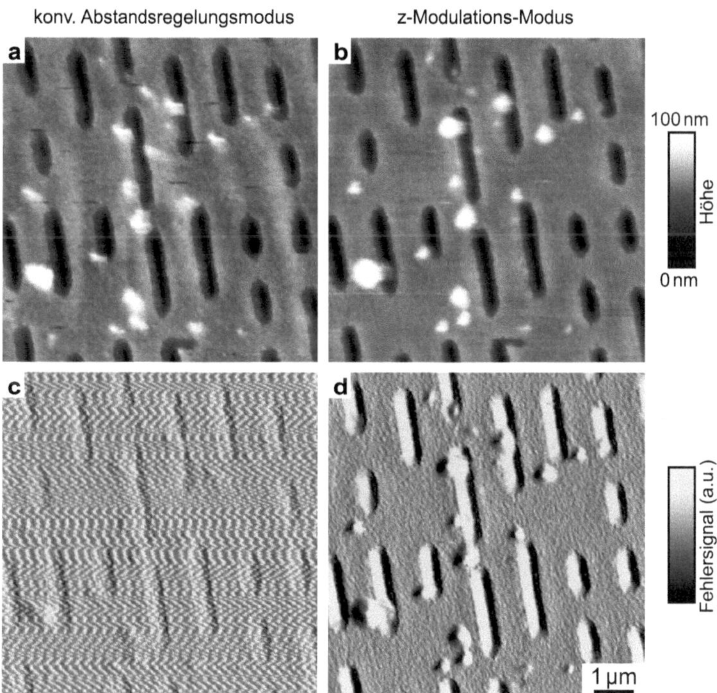

Abbildung 6.6: *Vergleichsmessung zwischen konventionellem Abstandsregelungsmodus (a,c) und dem z-Modulations-Modus (b,d) auf einer CD-Oberfläche mit der Scherkraftabstandskontrolle. (a,b): Topographiebilder; (c,d): Bilder des Fehlersignals.*

zeigen die Fehlersignale, welche aus dem Abbilden mit dem z-Modulations-Modus resultieren, dagegen kein oszillatorisches Verhalten.

Um die Verbesserung der Abbildungsqualität an biologischen Proben zu untersuchen wurden wiederum MDCK-II Zellen als Probe verwendet. In diesem Fall wurden jedoch nicht lebende, sondern fixierte Zellen untersucht, da sich die lebenden Zellen während des Abbildens verändert hätten, bzw. abgestorben wären. Somit kann ein aussagekräftiger Vergleich an lebenden Zellen nicht gemacht werden. Bei bei fixierten Endothelzellen lassen sich Strukturen auf der Oberfläche besser nachweisen, da diese für das Abbilden vorteilhaftere mechanische Eigenschaften besitzen [Bra98].

Ein 58 µm × 58 µm großer Bereich von fixierten MDCK-II Zellen, die unter Verwendung der beiden Abstandsregelungen aufgezeichnet wurden, ist in Abbildung 6.7 dargestellt. Für

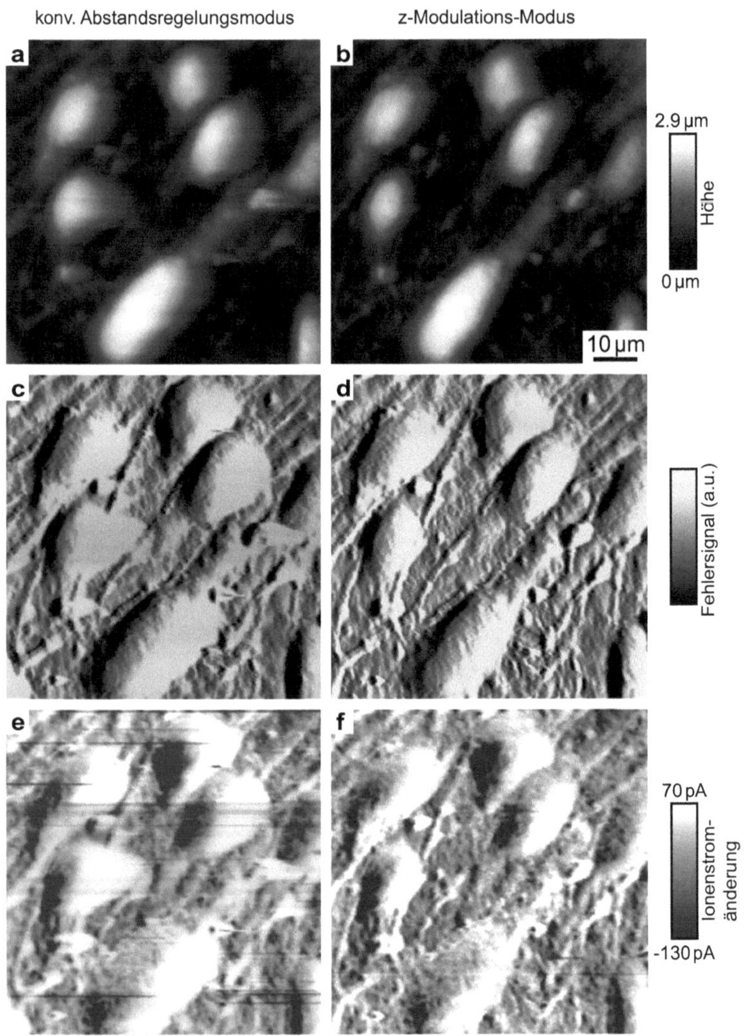

Abbildung 6.7: *Vergleich zwischen konventionellem Abstandsregelungsmodus (a,c,e) und dem z-Modulations-Modus (b,d,f) auf fixierten MDCK-II Zellen mit der Scherkraftabstandskontrolle. (a,b): Topographiebilder; (c,d): Bilder des Fehlersignals; (e,f): Bilder der gleichzeitig aufgezeichneten Ionenstromänderungen.*

den Vergleich der beiden Modi wurde beim Abbilden ein gleicher Sollwert vorgegeben und die Linienrate betrug jeweils 0.12 Hz. Die Modulationsfrequenz bei der Abstandsregelung mit dem z-Modulationsmodus betrug 70 Hz und die Modulationsamplitude 250 nm.

Die Topographiebilder (Abbildung 6.7 (a) und (b)) zeigen die Form der fixierten Zellen in einer sehr ähnlichen Art. Es ist zu erkennen, dass die Zellen im fixierten Zustand keinen ebenen Teppich mit nur leichten Erhebungen an den Positionen der Zellkerne zeigen, sondern die Zellkerne dominieren in den Topographiebildern durch ihre Höhe von bis zu etwa 3 µm. Die Positionen der Zell-Zell-Kontakte sind nicht mehr eindeutig zu erkennen, obwohl auch Strukturen im niedriger dargestellten Bereich zu beobachten sind. Bei Vergleich der beiden Topographiebilder ist zu erkennen, dass in Abbildung 6.7 (a), welche mit dem konventionellen Modus aufgenommen wurde, die hohen Strukturen, besonders an den Zellkernen, nach rechts verschmiert erscheinen, wohingegen bei der Abbildung 6.7 (b), welche mit dem z-Modulations-Modus aufgenommen wurde, ein solches Verschmieren nicht beobachtet wird. Der Grund für dieses Verschmieren liegt einerseits daran, dass es sich bei den abgebildeten Topographiebildern um Tracebilder handelt und andererseits daran, dass die Regelung beim Annähern an die Oberfläche im konventionellen Abbildungsmodus zu langsam war, um die Oberfläche exakt wiederzugeben. Eine Erhöhung des Verstärkungsfaktors hätte dieses Problem zwar behoben, doch dann wären auch wieder Oszillationen beobachtet worden. Das Bild des Fehlersignals in Abbildung 6.7 (c) zeigt den Effekt des Verschmierens noch deutlicher als das Topographiebild. Zusätzlich sind auch die Positionen der Strukturen auf der Oberfläche besser zu erkennen. Beim Fehlersignalbild in Abbildung 6.7 (d), welches von der Abstandsregelung über dem z-Modulations-Modus stammt, sind diese Oberflächenstrukturen viel deutlicher und genauer zu erkennen und Verschmierungseffekte sind nicht festzustellen.

In den Abbildungen 6.7 (e) und (f) sind die zugehörigen Ionenstromänderungen, welche komplementär zur Abstandsregelung mit der Scherkraftabstandskontrolle aufgenommen wurden, gezeigt. Bei einer angelegten Spannung von 200 mV wurde bei beiden Messungen ein Sättigungsstrom von etwa 3.5 nA gemessen. Obwohl die Drift während beider Messungen recht gering war, sind wiederum die Ionenstromänderung dargestellt, da diese trotzdem kontrastreichere Bilder liefern als die Bilder des absoluten Ionenstroms. Auf beiden Bildern der Ionenstromänderungen ist zu erkennen, dass die linken Flanken der Zellkerne ein niedrigeres Ionenstromsignal liefern als die rechten. Da es sich um Tracebilder handelt, ist dieses kein Leitfähigkeitseffekt der Oberfläche, sonder lediglich ein Abbildungsartefakt. In den Retracebildern (nicht abgebildet) ist dieser Effekt genau anders herum, sodass die rechten Flanken ein höhere Ionenstromsignal liefern als die linken Flanken. Bei beiden Bildern sind auch wieder die kleineren Strukturen anhand von veränderten Ionenstromsignalen zu erkennen. Beim Vergleich der beiden Abbildungen ist wiederum festzustellen, dass bei der Abbildung 6.7 (f), welche mit dem z-Modulations-Modus aufgenommen wurde, ein besseres Ergebnis erzielt wurde als beim konventionellen Abbilden.

Insgesamt lässt sich anhand der beiden Vergleichsmessungen feststellen, dass die neue Abstandsregelung über den z-Modulations-Modus beim Rasterionenleitfähigkeitsmikroskop mit Scherkraftabstandskontrolle eine deutliche Qualitätsverbesserung in der Topographiebestimmung mit sich bringt. Zudem ist es nicht nur möglich den Ionenstrom trotz der Mo-

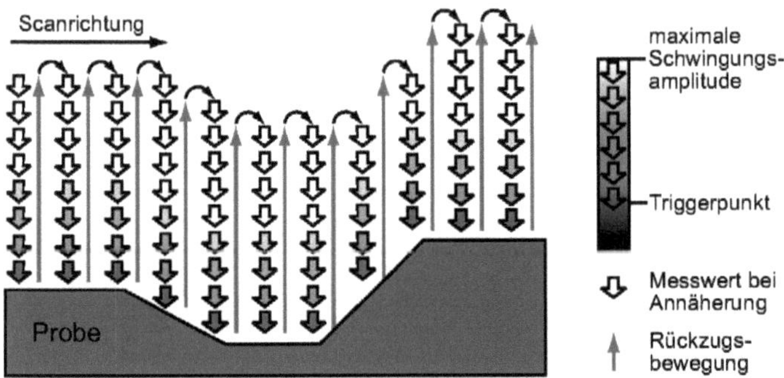

Abbildung 6.8: *Schematik des dreidimensionalen Messverfahrens.*

dulation parallel bei der Bestimmung der Topographie mit aufzuzeichnen, sondern auch die Qualität der Ergebnisse bei der Ionenstrommessung sind verbessert.

6.5 Dreidimensionales Messverfahren

Als ein weiterer Messmodus für das kombinierte Rasterionenleitfähigkeitsmikroskop mit Scherkraftabstandskontrolle wird in diesem Abschnitt ein dreidimensionales Messverfahren vorgestellt. Mit einem dreidimensionalen Messverfahren ist es möglich nicht nur Informationen über die Ionenleitfähigkeit an den Positionen zu bekommen, an denen die Scherkraftabstandskontrolle regelt, sondern es können noch weiterreichende Einflüsse des Spitzen-Proben-Abstands auf das Ionenstromverhalten aufgezeichnet werden. Bei dieser Messmethode handelt es sich, ebenso wie bei dem in Abschnitt 5.2 vorgestellten Relativen-Trigger-Modus, um eine Technik, die in der Rasterkraftmikroskopie als Force-Mapping-Modus bekannt ist [Bas94, Rad94, Wer94]. Bei der Rasterkraftmikroskopie ermöglicht diese Technik es, eine Vielzahl von verschiedenen mechanischen Eigenschaften einer Probe gleichzeitig zu bestimmen, wie beispielsweise die Topographie, Adhesionskräfte, Elastizitäten, sowie van der Waals- und elektrostatische Wechselwirkungen [Rad96]. Bei der in dieser Arbeit verwendeten Technik wurde die Abstandsregelung über die Schwingungsamplitude zur Topographiebestimmung verwendet. Der Ionenstrom wurde wiederum unabhängig davon parallel aufgezeichnet.

Das Prinzip dieses dreidimensionalen Messverfahrens soll anhand der Schematik in Abbildung 6.8 erörtert werden. Die Scanrichtung in dieser Schematik verläuft von links nach rechts. Es wird eine Probe abgebildet die zunächst horizontal und eben verläuft und dann eine Vertiefung aufweist. Die linke Flanke an der Vertiefung ist dabei weniger steil als die rechte, wohingegen innerhalb der Vertiefung und im rechten Bereich der Probe die Oberfläche wieder horizontal und eben ist.

Beim Abbilden mit dem kombinierten Rasterionenleitfähigkeitsmikroskop mit Scherkraftabstandskontrolle wird die Schwingungsamplitude der Pipette zur Bestimmung der Topographie der Probe verwendet. Um gleichzeitig dreidimensionale Informationen zu bekommen, muss die Pipette jeweils von einem relativ großen Spitzen-Proben-Abstand an die Oberfläche angenähert werden, bis der Sollwert der Schwingungsamplitude erreicht wird. Da das Erreichen des Sollwerts das Auslösen eines nächsten Schrittes markiert, also „triggert", wird typischerweise hier von einem Triggerpunkt gesprochen. Der Vorgang der Reduzierung des Spitze-Proben-Abstands wird durch die gefüllten Pfeile symbolisiert. Die Füllfarbe der Pfeile soll dabei die Schwingungsamplitude darstellen und jeder Pfeil entspricht einem Messpunkt bei der Annäherung an die Oberfläche. Die Farbskalierung, welche von schwarz über Grüntöne zu weiß verläuft, ist rechts in der Schematik zu sehen. Demnach entsprechen Pfeile mit einer weißen Füllung Messwerten, bei denen die Schwingungsamplitude maximal ist. Je dunkler der Grünton in den Pfeilen desto stärker ist die Schwingungsamplitude abgefallen. Der erste Messpunkt befindet sich links oben in der Schematik. An diesem Punkt liegt ein großer Spitzen-Proben-Abstand vor, sodass die Schwingungsamplitude maximal ist. Nun nähert sich die Spitze der Probe an und in konstanten Abständen werden neue Messwerte der Schwingungsamplitude aufgezeichnet, bis der Spitzen-Proben-Abstand so klein wird, dass die Schwingungsamplitude abnimmt und schließlich der Triggerpunkt erreicht wird. Im Anschluss zu dieser Annäherungskurve bis zum Erreichen des Triggerpunktes wird der Spitzen-Proben-Abstand um einen fest eingestellten Wert vergrößert. Diese Rückzugsbewegung der Spitze ist durch den roten Pfeil gekennzeichnet. Im Anschluss zur Rückzugsbewegung wird die x-Position verändert und eine nächste Annäherungskurve wird aufgezeichnet, bis wiederum der Triggerpunkt erreicht wird. Wenn durch Veränderung der x-Position der Spitzen-Proben-Abstand vergrößert wird, werden mehr Messwerte bei der Annäherungskurve aufgezeichnet, um den Triggerpunkt zu erreichen. Die Rückzugsbewegung bleibt jedoch konstant, sodass die nächste Annäherungskurve an einer tieferen z-Position gestartet wird als die vorherige. Beim Übergang zu einer Erhöhung in der Topographie wird der Triggerpunkt schon nach einer kürzeren Annäherungsstrecke erreicht als bei einer glatten Oberfläche. Somit werden insgesamt weniger Messpunkt aufgenommen, bevor die Rückzugsbewegung durchgeführt wird.

Mit dieser Technik wird die gemessene Topographie der Probenoberfläche durch das Erreichen des Triggerpunkts definiert. Da neben den Messwerten für die Schwingungsamplitude der Ionenstrom, welcher ein anderes Spitzen-Proben-Abstandsverhalten zeigt, parallel aufgezeichnet wird, können auch Unterschiede im Ionenstromverhalten bei größeren Spitzen-Proben-Abständen untersucht werden.

Die Nachteile dieser Messtechnik sind, dass das Abbilden vergleichsweise lange dauert und dass eine große Menge an Daten aufgezeichnet werden muss. So werden typischerweise nicht nur 8 Messwerte pro Annäherungskurve, wie in Abbildung 6.8 dargestellt, aufgezeichnet, sondern mehrere Hundert. Zudem beträgt die maximale Rate der Annäherungskurve in dem hier verwendeten Aufbau nur wenige Hz. Aus diesem Grund wird der zu untersuchende Probenausschnitt in der Regel zunächst mit einer anderen Abstandsregelung abgebildet. Anschließend werden nur ausgewählte Bereiche mit dem dreidimensionelen Messverfahren abgebildet, um Informationen über das Ionenstromverhalten bei verschiedenen Spitzen-Proben-Abständen zu erhalten.

Als Beispiel für eine Untersuchung des dreidimensionalen Stromverhaltens wurde eine Polycarbonatmembran mit Poren untersucht. Der Durchmesser der Porenöffnungen betrug

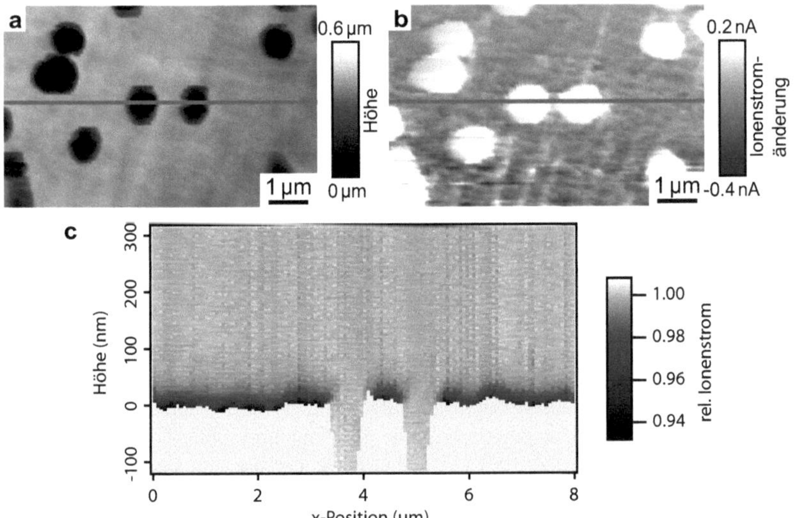

Abbildung 6.9: *Topographiebild, aufgenommen mit der Scherkraftabstandskontrolle, (a) mit gleichzeitig aufgezeichneten Ionenstromänderungen (b) auf einer Polycarbonatmembran mit Poren (Porendurchmesser 1 µm), aufgenommen unter Verwendung des konventionellen Abstandsregelungsmodus. (c) Relativer Ionenstrom gegen Höhe und x-Position aufgenommen mit dem dreidimensionalen Messverfahren entlang der Position der dunkelgrauen Linie in (a,b).*

bei dieser Messung 1 µm. Zunächst wurde die Membran unter Verwendung des konventionellen Abbildungsmodus gescannt. Die Ergebnisse der Topographiebestimmung und der Ionenstromänderungen dieses Scanns sind in Abbildung 6.9 (a) und (b) zu sehen. Die dargestellten Bereiche haben eine Größe von 8 µm × 5 µm in denen 128 × 80 Datenpunkte bei einer Linienrate von 0.18 Hz aufgezeichnet wurden. Der Sättigungsstrom betrug zwischen 1.6 nA und 2.5 nA bei einer angelegten Spannung von 500 mV in einer PBS-Lösung.

Im Topographiebild in Abbildung 6.9 (a) ist die vergleichsweise glatte Oberfläche mit verschiedenen, näherungsweise runden Vertiefungen zu sehen. Der Durchmesser der Vertiefungen beträgt zwischen 0.8 µm und 1.0 µm. Das Bild der Ionenstromänderungen zeigt an den Positionen, an denen sich die Vertiefungen in der Topographie befinden, ein erhöhtes Ionenstromsignal. Der Durchmesser der Bereiche mit den erhöhten Ionenstromsignalen beträgt zwischen 1.0 µm und 1.4 µm und ist somit deutlich größer als der Durchmesser der gemessenen Vertiefungen im Topographiebild.

Das Bild der Ionenstromänderungen gibt immer nur eine Information über den Ionenstrom an der aktuellen Position der Pipettenspitze. Wenn die Spitze in den Poren ist, wird immer nur der Ionenstrom innerhalb der Poren gemessen, jedoch werden keine Informationen über das Ionenstromverhalten im Bereich der Porenöffnungen gewonnen. Aus diesem Grund wurde die Polycarbonatmembran im Anschluss an die Messung mit der konventionellen Abstandsregelung mit dem dreidimensionalen Messverfahren untersucht. Das Messergebnis, bei der eine Linie mit dem dreidimensionalen Messverfahren abgebildet wurde ist in Abbildung 6.9 (c) dargestellt. Die grauen Linie im Topographiebild bzw. im Bild der Ionenstromänderungen zeigen die zugehörige Position auf der Probe.

Bei dieser Messung betrug die Rückzugsbewegung 500 nm und bei jeder Annäherungskurve wurde pro Nanometer ein Messwert des Ionenstroms aufgezeichent. Die Rate der Annäherungskurven lag bei 0.6 Hz und es wurden pro Linie 128 Annäherungskurven aufgezeichnet. Somit lag die Messzeit einer Reihe schon bei etwa dreieinhalb Minuten, was einer Linienrate von etwa 0.005 Hz entspricht. Somit dauerte das Aufzeichnen einer Linie ca. 36mal so lange wie bei der Abbildung mit der konventionellen Messmethode.

In Abbildung 6.9 (c) ist der relative Ionenstrom gegen die Höhe und die x-Position zu sehen. Der relative Ionenstrom wurde dargestellt, da innerhalb von dreieinhalb Minuten schon vergleichsweise starke Drifteinflüsse im Ionenstromsignal aufgetaucht sind. Somit wurde der erste Messwert des Ionenstroms einer jeden Annäherungskurve als Maximalwert definiert und alle weiteren aufgenommenen Messwerte des Ionenstroms innerhalb dieser Annäherungskurve wurden durch diesen Maximalwert geteilt. Somit ist es auch möglich, dass der relative Stromwert größer als 1 ist, was auch an der Farbskalierung erkennbar ist. Um die Effekte an der Oberfläche etwas deutlicher zu machen sind nur Datenpunkte in einem Höhenbereich von etwa −100 nm bis 300 nm dargestellt, wobei die annähernd glatte Oberfläche mit der Höhe von 0 nm definiert wurde.

Bei Höhen von über 100 nm, was großen Spitzen-Proben-Abständen entspricht, ist der Ionenstrom in Sättigung und die Werte des relativen Ionenstroms liegen um 1.00. Erst bei kleiner werdenden Höhen nimmt der Ionenstrom über der glatten Oberfläche langsam ab, bis der Ionenstrom jeweils um etwa 6 % auf einen relativen Ionenstrom von ca. 0.94 abgefallen ist, was an den dunklen Farbbereichen zu erkennen ist. Die beiden Poren, die bei der aufgenommenen Linie mit abgebildet wurden, sind an den Stellen zu erkennen, an denen die dargestellte Höhe in den negativen Bereich geht. An der Farbskalierung ist zu erkennen, dass der Ionenstrom an keiner Stelle über oder in der Pore abgefallen ist, sondern dass der Sättigungsstrom durchgehend gemessen wird. An den Kanten der Poren ist festzustellen, dass der Ionenstrom nicht um etwa 6 % abfällt wie auf der glatten Oberfläche, sondern um deutlich weniger. Dieses erklärt auch, warum beim Abbilden mit dem konventionellen Modus die Bereiche mit erhöhtem Ionenstrom breiter sind als die Poren im Topographiebild.

Aus denen in Abbildung 6.9 dargestellten Ergebnissen lässt sich noch ein klarer Vorteil des kombinierten Rasterionenleitfähigkeitsmikroskop mit Scherkraftabstandskontrolle ableiten. So zeigt das Topographiebild in Abbildung 6.9 (a), dass die Polycarbonatmembran und die Poren mit der Scherkraftabstandskontrolle problemlos abgebildet werden können und anhand von Abbildung 6.9 (b), dass auch der Ionenstrom parallel aufgezeichnet werden kann. Diese Probe könnte jedoch nicht mit derselben Pipette als reines Rasterionenleitfähigkeitsmikroskop abgebildet werden. Der Grund dafür ist sehr gut anhand des Querschnitts aus der dreidimensionalen Messung zu erklären. Die Messdaten zeigen, dass der Ionenstrom beim

Eindringen in die Pore nicht abfällt. Somit wäre beim Abbilden mit dem z-Modulations-Modus die Amplitude durchgängig bei Null und der Sollwert für die Regelelektronik würde nicht erreicht. Folglich würde die Spitze immer weiter an die Probe angenähert werden und selbst wenn ein oberer Bereich der Pipette mit der Kante einer Pore in Berührung kommen würde, hätte dieses keinen Einfluss auf den gemessenen Ionenstrom. Aus diesem Grund würde die Pipette, rein theoretisch, unendlich tief in die Pore eindringen, dabei aber weiter in laterale Richtung scannen. Dies würde letztendlich dazu führen, dass die Pipette irgendwann abbrechen würde. Dieses ist besonders ein Problem bei härteren Proben als den Polycarbonatmembranen, da schon ein leichter Kontakt zwischen einer harten Probe und einer Pipette zu einem Abbrechen der Pipettenspitze führen kann.

6.6 Vergleich zwischen den z-Modulations-Modi bei der Abstandsregelung über die Scherkräfte und über den Ionenstrom

Zum Abschluss dieses Kapitels sollen die beiden Abstandsregelungen mithilfe der Scherkräfte und über den Ionenstrom miteinander verglichen werden. Hierzu wurde der z-Modulations-Modus verwendet, der, wie gezeigt, bei beiden Abstandsregelungen in den meisten Fällen zu den besten Ergebnissen führt. So sollte eine Probe zunächst mit der Scherkraftabstandskontrolle und anschließend über die Verwendung des Ionenstroms zur Abstandsregelung abgebildet werden. Bei der Verwendung der Scherkraftabstandskontrolle wird das Ionenstromsignal standardmäßig aufgezeichnet. Um einen Vergleich von den zusätzlichen zur Topographiebestimmung aufgenommenen Signalen zu bekommen, wurde die Schwingungsamplitude der Pipette bei der Abstandsregelung über den Ionenstrom diesmal ebenfalls mit aufgezeichnet. Das Ergebnis einer solchen Vergleichsmessung ist in Abbildung 6.10 dargestellt.

Untersucht wurde ein Petrischale auf der MDCK-II Zellen ausgesät wurden. Die Zellen befanden sich im Nährmedium und konnten sich zuvor in einem Inkubator vermehren. Die abgebildete Bereich von 42 µm × 42 µm zeigt jedoch zwei unterschiedliche Objekte, bei denen es sich nicht um MDCK-II Zellen handelt. Worum es sich bei diesen beiden Objekten handelt und woher diese stammen, konnte nicht bestimmt werden. Das eine Objekt ist ein ovaler Körper mit einem Muster im Inneren (links oben in den Abbildungen) und bei dem zweiten Objekt handelt es um eine Art Teppich mit Substrukturen (verlaufend von unten nach rechts). Da sich die Objekte über mehrere Stunden nicht verändert haben, ist davon auszugehen, dass die beiden Objekte nicht mehr am Leben waren. Auch wenn es gänzlich unbekannt ist, um was für Objekte es sich hierbei handelt, haben sich die Objekte als sehr nützlich erwiesen, um einen aussagekräftigen Vergleich zwischen den beiden Abstandsregelungen zu machen.

Da beide Messungen mit dem für die Scherkraftabstandskontrolle konzipierten Aufbau durchgeführt werden mussten, ist die Modulationsfrequenz mit 70 Hz wieder sehr gering. Die Modulationsfrequenz war jedoch bei beiden Messungen gleich, genauso wie die Modulationsamplitude von 250 nm. Der Sättigungsstrom betrug bei den Messungen zwischen

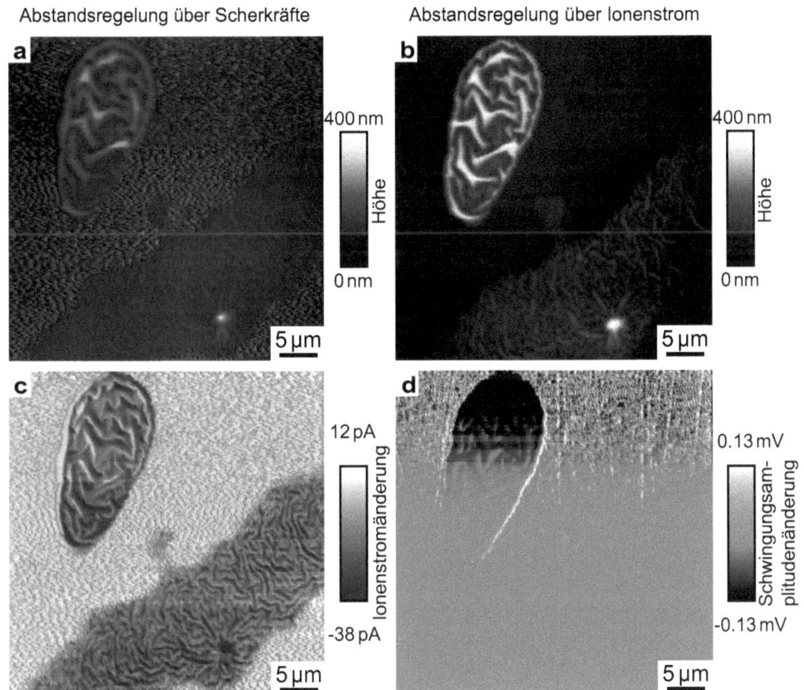

Abbildung 6.10: *Vergleich zwischen der Abstandsregelung über die Scherkräfte (a,c) und über den Ionenstrom (b,d) im z-Modulations-Modus auf einer Probe unbestimmten Ursprungs. (a,b): Topographiebilder; (c,d) komplementär aufgenommene Bilder der Ionenstromänderungen bzw. Schwingungsamplitudenänderungen.*

3.2 nA und 3.8 nA bei einer angelegten Spannung von 500 mV.

Das Topographiebild in Abbildung 6.10 (a) ist über die Abstandsregelung mit der Schwingungsamplitude der Pipette aufgenommen worden und das Topographiebild in Abbildung 6.10 (b) über die Abstandsregelung mit der Ionenstromamplitude. Um die beiden Topographiebilder besser miteinander vergleichen zu können ist die Farbskalierung in beiden Bildern gleich und reicht von 0 nm bis 400 nm. In beiden Bildern ist das ovale Objekt mit einer Ausdehnung von etwa 25 µm × 12 µm zu sehen. Die Strukturen innerhalb des Objekts sind ebenfalls in beiden Bildern zu sehen, jedoch unterscheidet sich die dargestellte Höhe der Strukturen drastisch. So erscheinen die Strukturen in der Aufnahme mit der Scherkraftabstandskontrolle maximal etwa 250 nm hoch, wohingegen bei der Abstandskontrolle über das Ionenstromsignal Höhen von bis ca. 350 nm gemessen wurden. Zusätzlich sind die Strukturen in dem ovalen Objekt bei dem Bild, welches mit der Abstandsregelung über den Ionenstrom aufgenommen wurde, viel schärfer und detaillierter dargestellt als bei dem Bild, welches über die Scherkraftabstandskontrolle aufgenommen wurde. Die bessere Qualität beim Abbilden über die Ionenstromamplitudenregelung ist ebenfalls bei der Abbildung des Teppichs im unteren rechten Bereich der Abbildung zu beobachten. So werden die Substrukturen des Teppichs gut aufgelöst, wohingegen bei dem Topographiebild, welches mit der Scherkraftabstandskontrolle aufgenommen wurde, diese Strukturen nur angedeutet zu erkennen sind.

In den Abbildungen 6.10 (c) und (d) sind die Änderungen der zu den Topographiebildern komplementär aufgenommenen Signale dargestellt. Das Bild in Abbildung 6.10 (c) zeigt die Ionenstromänderungen, die während der Messung mit der Scherkraftabstandskontrolle aufgezeichnet wurden. Die Änderungen im Ionenstrom liegen bei lediglich 50 pA, trotzdem sind die beiden Objekte und die jeweiligen Substrukturen auf den Objekten gut und detailliert in der Abbildung zu erkennen. Das Bild der Änderungen der aufgezeichneten Schwingungsamplitude, die während des Abbildens mit der Ionenstromamplitude aufgenommen wurde, ist in Abbildung 6.10 (d) dargestellt. Um eine weitere farbliche Abgrenzung zu anderen Signalen zu gewährleisten, wurde eine Farbskala in Grüntönen gewählt. Zwar lässt sich erahnen, wo sich das ovale Objekt befindet, doch die Strukturen der beiden Objekte sind nur sehr schwer auszumachen. Zusätzlich fällt auf, dass Kontrastunterschiede im Bild auftauchen. So ist der obere Bereich des ovalen Objektes dunkler dargestellt als der untere Bereich.

Aus der Vergleichsmessung können die Vorteile der einzelnen Abstandsregelungen klar formuliert werden. So liefert das kombinierte Rasterionenleitfähigkeitsmikroskop mit Scherkraftabstandskontrolle neben der Topographie ein zusätzliches Ionenstromsignalbild, welches Änderungen im Ionenstrom gut aufgelöst darstellt. In den Topographiebildern werden die exakten Höhen von Objekten bei der Scherkraftabstandsregelung dagegen nicht unbedingt richtig wiedergegeben. So können durch die Scherkräfte verursachte Wechselwirkungen zwischen Pipettenspitze und Probenoberfläche zu Verformungen der Oberfläche führen. Für sehr weiche Proben scheint die Scherkraftabstandskontrolle jedenfalls nicht geeignet zu sein, bzw. muss die Detektion der Schwingungsamplitude noch weiter verbessert werden, damit die Schwingungsamplitude auch bei einer kleineren Anregungsamplitude der Pipette annähernd rauschfrei gemessen werden kann, sodass die Wechselwirkungen die durch laterale Schwingung zwischen Spitze und Probe entstehen geringer werden. Dies liegt hauptsächlich daran, dass bei vergleichsweise großen Spitzen-Proben-Abständen von bis zu mehreren hundert Nanometern Änderungen des Ionenstroms vom Sättigungsstrom beobachtet werden. Einflüsse der Scherkräfte auf die Schwingungsamplitude können dagegen nur bei Spitzen-Proben-Abständen gemessen werden, die deutlich unter hundert Nanometern liegen (siehe Abbildung 6.3). Somit ist das reine Rasterionenleitfähigkeitsmikroskop besonders gut geeignet, um sehr weiche Proben zu untersuchen und mit einer guten Auflösung kontaktfrei abzubilden.

7 Untersuchungen von porenüberspannenden Lipidmembranen

Das zentrale Thema dieser Arbeit war, neben dem Aufbau eines Rasterionenleitfähigkeitsmikroskops und der Erprobung neuer Rastermethoden, die Untersuchung von künstlichen freistehenden Lipidmembranen. Hierfür sollte sich ein Rasterionenleitfähigkeitsmikroskop besonders gut eignen, da es durch die Abstandsregelung über den Ionenstrom keine mechanischen Wechselwirkungen zwischen Pipettenspitze und Probenoberfläche auftritt.

Die Untersuchung von Membransystemen ist ein wichtiges Aufgabengebiet in der Biophysik, denn Membranen bilden das Gerüst der Zellen, agieren als strukturelle Grundlage, definieren physikalische Grenzen und beherbergen eine große Anzahl an verschiedenen Proteinen, die als Ionenkanäle, Ionenpumpen oder Rezeptoren fungieren. Um die mechanischen Eigenschaften und den räumlichen Aufbau von Zellmembranen richtig zu verstehen, sind Untersuchungen mithilfe von Rastersondenmikroskopen besonders viel versprechend. Hierbei hat sich das Rasterkraftmikroskop mit seiner Möglichkeit, Auflösungen im Nanometerbereich und mechanische Eigenschaften in Flüssigkeiten untersuchen zu können [Dra89], als wertvolles Instrument erwiesen. Das Rasterkraftmikroskop wurde deshalb auch extensiv für Untersuchungen sowohl an natürlichen als auch an künstlichen Membranen eingesetzt. So wurden beispielsweise wellige Strukturen auf künstlichen Membranen, die auf einem festen Substrat absorbiert waren, beobachtet [Mou94]. Weiter wurden die Struktur, Stabilität und Defekte von verschiedenen Membrantypen, ebenfalls auf festen Substraten, untersucht [Hui95]. Desweiteren ist es möglich, Ionenkanäle in natürlichen Membranen mit dem Rasterkraftmikroskop abzubilden, wenn die Membranen auf ein festes Trägersubstrat absorbiert sind [Hoh93]. Periphere Proteine und deren Anlagerung an künstlichen Membranen konnten ebenfalls beobachtet werden [Mue00, Jan01].

Ein wichtiger Schritt zur Untersuchung von elektrischen Eigenschaften von Proteinen wurde von Müller und Montal unternommen [Mül63, Mon72]. Sie entwickelten eine Technik, die es erlaubt, eine künstliche Membran über Löcher in einer Teflonfolie zu spannen. Somit ist die Membran an der Stelle der Löcher von beiden Seiten mit Flüssigkeit umgeben. Bei verschiedene Untersuchungen kann die Membran als Modellsystem von natürlichen Zellmembranen genutzt werden. Jedoch sind die Membranen sehr fragil, wenn sie über größere Löcher von mehreren µm gespannt sind. Durch die Entwicklung von mikrofabrizierten Löchern in Silizium- oder Glassubstraten wurde die Stabilität der Membranen erhöht, was die Untersuchung von den elektrischen Eigenschaften von einzelnen Proteinen in

Membranen vereinfacht [Fer00, Sch00, Fer02, Wil04]. Ein weiterer Fortschritt zur Stabilisierung der Membranen über Löcher und zur Untersuchung von elektrischen Eigenschaften wurde über die Verwendung von porösen Substraten aus Silizium oder Aluminium erreicht [Röm04, Sch06 b]. Durch die verschiedenen Präpatarionstechniken ist es zwar möglich einzelne Proteine auf ihre elektrischen Eigenschaften zu überprüfen, aber es werden keine Informationen über die Form und Ausbildung der Membranen über den Poren gewonnen.

Um räumlich hochaufgelöste Informationen über die Membranen zu bekommen, ist der Einsatz von Rastersondenmikroskopen nötig. Mit dem Rasterkraftmikroskop wurde gezeigt, dass porenüberspannende künstliche Membranen abgebildet werden können. Dabei zeigen die Messungen, dass die Membranen bei geordneten porösen Substraten mit Poren mit einem Durchmesser von 180 nm oder 50 nm wellige Strukturen aufweisen. Zusätzlich deformiert die Spitze die Membranen und abhängig von der Auflagekraft werden die Membranen in die Poren gedrückt oder sogar zum Zerplatzen gebracht [Hen00, Hen02, Ste06]. Vertiefungen in der Membrantopographie wurden auch in mit Membranen überspannten Poren mit einem Durchmesser von 150 nm und 1.2 µm in einem Siliziumsubstrat bei natürlichen Membranen [Gon06, Lor09] und auch bei einer Lipiddoppelschicht, die über eine Pore mit einem Durchmesser von 15 µm gespannt war, nachgewiesen [Ova07]. Alle Messungen mit dem Rasterkraftmikroskop zeigen aber, dass das Abbilden aufgrund der Wechselwirkung zwischen Spitze und Membran sehr schwierig ist und nur bei sehr geringer Kraftausübung (200 pN – 500 pN) überhaupt möglich ist. Das Rasterionenleitfähigkeitsmikroskop wurde in dieser Arbeit verwendet, um den kontaktfreien Charakter zur Untersuchung von Lipidmembranen auszunutzen und dadurch neue Informationen über die Anordnung der Membranen zu gewinnen.

7.1 Präparation der Lipidmembranen

7.1.1 Poröse Substrate

Zur Untersuchung von freistehenden Membranen wurden als Trägersubstrat hochgeordnete poröse Siliziumsubstrate verwendet. Die Membranen haben somit einen festen Untergrund, an denen sie haften und von denen sie sich gleichzeitig über die Poren spannen können. Die verwendeten porösen Substrate sind kommerziell bei der Firma *fluXXion B.V.* unter dem Produktnamen „Micro Sieve Plates“ mit Poren unterschiedlicher Größe erhältlich. Normalerweise werden die porösen Substrate, welche 5 mm × 5 mm große Chips mit einer Dicke von 0.75 mm sind, als Filter, wie beispielsweise bei der Bierfiltration, eingesetzt. Auf den Siliziumsubstraten sind die Poren nicht zufällig angeordnet wie bei den Polycarbonatmembranen (siehe Abbildung 3.4 oder 6.4), sondern in einer hochgeordneten periodischen Form. Für die Untersuchungen mit dem Rasterionenleitfähigkeitsmikroskop haben sich Substarte mit Poren mit einem nominellen Durchmesser von 450 nm und 800 nm als am besten geeignet erwiesen. Rasterelektronenmikroskopische Aufnahmen der verwendeten Substrate sind zur Veranschaulichung der regelmäßigen Porenstruktur und der Substratdicke in dem Bereich der Poren in Abbildung 7.1 gezeigt.

In Abbildung 7.1 (a) ist ein 5 µm × 5 µm großer Bereich eines porösen Siliziumsubstrats mit

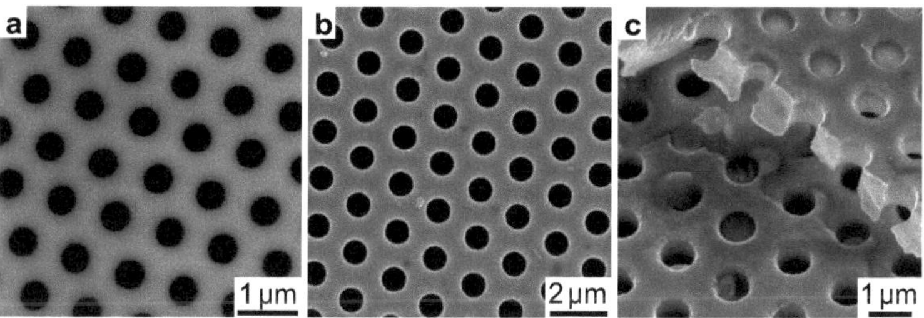

Abbildung 7.1: *Rasterelektronenmikroskopische Aufnahmen von den verwendeten porösen Siliziumsubstraten mit Poren mit einem nominellen Durchmesser von* 450 *nm (a) und einem nominellen Durchmesser von* 800 *nm (b) und von einer Bruchkante bei einem Substrat mit Poren mit einem Durchmesser von* 800 *nm (c).*

Poren mit einem nominellen Durchmesser von 450 nm gezeigt. Die regelmäßige hexagonale Anordnung der Poren ist deutlich zu erkennen. Die gemessene Periodizität des Abstands zwischen den einzelnen Poren beträgt 950 nm und der gemessene Durchmesser der Poren beträgt etwa 500 nm. Der dargestellte Bereich von 10 µm × 10 µm in Abbildung 7.1 (b) zeigt dieselbe hexagonale Anordnung der Poren, diesmal jedoch auf einem Substrat mit Poren mit einem nominellen Durchmesser von 800 nm. Die gemessene Periodizität des Abstands der Poren beträgt in diesem Fall 1.6 µm und der gemessene Durchmesser der Poren beträgt 850 nm. Obwohl der tatsächliche Durchmesser der Poren von dem nominellen Durchmesser abweicht, wird im weiteren Verlauf auf die Herstellerangaben bei der Erwähnung des Substrattyps verwiesen.

Das Bild in Abbildung 7.1 (c) zeigt die Bruchkante eines Substrats mit 800 nm durchmessenden Poren. An der Kante ist zu erkennen, dass die Dicke des Siliziumsubstrats an der Stelle, an der sich die Poren in dem Substrat befinden, lediglich einige hundert Nanometer beträgt und dass sich das abgebrochene Stück des Substrats über einen anderen Bereich des Substrats geschoben hat. Um die Stabilität des Substarts zu erhöhen, wechseln sich Bereiche, in denen Poren vorhanden sind und Bereiche, in den keinen Poren vorhanden sind und in denen das Substrat auch dicker ist, periodisch ab. Das in Abbildung 7.1 (c) gezeigte Substrat wurde, bevor es mit dem Rasterelektronenmikroskop untersucht wurde, mit einer Titan- und mit einer Goldschicht mit einer Gesamtdicke von etwa 30 nm bedampft, da dies für die späteren Untersuchungen der Membranen nötig ist. Diese Metallschicht ist in der Abbildung ebenfalls zu erkennen, da die Bruchkante einen Bedampfungsschatten erzeugt hat.

7.1.2 Bildung von porenüberspannenden Lipidmembranen

Bei künstlichen Membranen wurden im Wesentlichen zwei verschiedene Modellsystemen entwickelt. Das eine Modellsystem geht auf festkörperunterstütze Membranen (englisch:

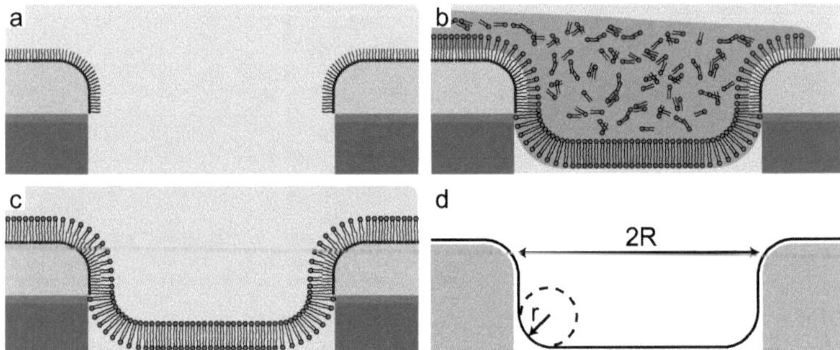

Abbildung 7.2: *Schematik der Membranpräparation. (a) Funktionalisiertes Substrat mit einer Pore. Auf dem Silizium (grün) ist ein Haftvermittler (grau) und eine Goldschicht (gelb) aufgedampft und anschließend mit ODT funktionalisiert worden. (b) Ein Tropfen mit in n-Dekan gelösten DPhPC verteilt sich auf dem Substrat und bildet eine Lipiddoppelschicht aus. (c) Nach Verflüchtigen des Lösungsmittels liegt die reine Membran vor. (d) Angenommene Geometrie der porenüberspannenden Membran. R entspricht dem Porenradius und r dem Biegeradius der Membran an dem unteren Bereich der Goldschicht innerhalb der Pore.*

solid supported membranes, SSMs) zurück. Bei dieser Art der Membranen gibt es verschiedene Möglichkeiten der Präparation, die hier jedoch nicht alle diskutiert werden sollen. Lediglich die Methode, bei der in Lösungsmittel gelöste Lipide auf eine Oberfläche pipetiert werden und sich bei Zugabe von Wasser spontan eine Lipiddoppelschicht bildet (*painted membranes*) [Flo93], soll wegen der Relevanz für diese Arbeit erwähnt werden. Bei dem anderen Modellsystem handelt es sich um Membranen, die über Löcher gespannt werden, und als *black lipid membranes* (BLMs) bezeichnet werden. Die Bezeichnung *black lipid membranes* hat historische Gründe, da bei der optischen Beobachtung mit Lichtmikroskopen kein Licht an den fertig gebildeten Lipiddoppelschichten reflektiert wird. Um die BLMs zu präparieren stehen unterschiedliche Techniken zur Verfügung. Die prominentesten Techniken sind nach ihren Erfindern mit Müller-Rudin-, bzw. Montal-Müller-Methode benannt worden. Bei der Müller-Rudin-Methode, beispielsweise, bildet sich über Ausdünnungsprozesse eine Lipiddoppelschicht aus Lipiden, die sich in einem Lösungsmittel befinden [Mül63].

Bei der Anwendung der Präparationstechniken auf porösen Substraten werden Vorteile der festkörperunterstützten Lipiddoppelschichten und der BLMs miteinander verknüpft. Um den genauen Verlauf des Präparationsprozesses zu veranschaulichen, ist in Abbildung 7.2 der Vorgang der Bildung einer Lipiddoppelschicht dargestellt. Die einzelnen schematischen Abbildungen zeigen eine Pore in einem Siliziumsubstrat. Das Siliziumsubstrat in der linken und rechten unteren Ecke ist grün dargestellt. Bevor die Membranen auf die Oberfläche aufgebracht werden können, müssen einige Modifikationen am Substrat vorgenommen werden. So muss die Substratoberfläche zunächst funktionalisiert werden, damit sich eine Lipidschicht mit einer hohen Haftfestigkeit anlagert. Zum Funktionalisieren werden typischerweise Thiole verwendet, welche ein hydrophobes Ende besitzen an denen sich die Lipide mit deren hydrophoben Ende anlagern können. Das andere Ende der Thiole besteht aus einer SH-Gruppe, welches mit Gold eine kovalente Bindung eingehen kann. Aufgrund dieser hohen Affinität zu Gold, wird das Substrat zuvor noch mit Gold und einem Haftvermittler zwischen dem Gold und dem Substrat bedampft. Das Ergebnis nach einer solchen vollständigen Funktionalisierung ist in Abbildung 7.2 (a) dargestellt. Auf dem Silizium befindet sich eine dünne ($\approx 3\,\mathrm{nm}$) Chrom- oder Titanschicht, welche grau dargestellt ist. Auf dieser, als Haftvermittler agierenden Schicht, befindet sich eine Goldschicht (gelb), die für die in diese Arbeit vorgestellten Messungen eine typische Dicke von $30\,\mathrm{nm}$ hat. An der Goldschicht ist die ausgebildete Monolage des verwendeten Oktadekanthiol (ODT) zu sehen, welches sich aus einer Ethanollösung über Selbstanordnungsprozesse angelagert hat. Vor der weiteren Präparation wird das fertig funktionalisierte Substrat gespült und in dem zur Messung verwendeten Elektrolyten positioniert.

Im nächsten Schritt wird das in einem Lösungsmittel befindliche Lipid auf die Oberfläche aufgebracht (Abbildung 7.2 (b)). Als Lösungsmittel wurde *n*-Dekan verwendet und bei dem Lipid handelt es sich um Diphytanoylphosphatidycholin (1,2-diphytanoyl-*sn*-glycerol-3-phosphocholine), kurz DPhPC. Nach dem Aufbringen auf die Oberfläche verteilt sich das Lösungsmittel (dunkelblau) und transportiert dabei die Lipidmoleküle. Wenn ein Lipidmolekül in die Nähe der funktionalisierten Oberfläche gelangt, lagert es sich an diese an. In dem Bereich der Pore können sich die Lipide nicht mehr an einzelne Thiole anlagern, sondern bilden eine Lipiddoppelschicht, die sich an die Porenränder anschließt und die Poren überspannt[1]. Nach wenigen Minuten verflüchtigt sich das Lösungsmittel und es bleibt eine porenüberspannende Membran zurück (Abbildung 7.2 (c)).

Die Art und Weise, wie die Membranen sich an den Rändern der Poren anlagern, ist noch nicht eindeutig geklärt. Das Modell, wie es in Abbildung 7.2 gezeigt ist, bei der die Membranen erst im Inneren der Poren die Poren überspannen, wird von theoretischen Überlegungen und Messergebnissen, die im Folgenden gezeigt werden, unterstützt. Bei Han *et al.* wird im Gegensatz angenommen, dass sich die Membranen schon an der oberen Kanten über die Poren spannen und innerhalb der Pore durchhängen [Han07]. Für die theoretische Beschreibung sind einige geometrische Parameter wichtig, die in Abbildung 7.2 (d) dargestellt sind.

7.1.3 Theorie des Porenüberspannens von Membranen

Es wird angenommen, dass sich eine Membran an der Innenseite der Pore so weit hinunterzieht, bis das Ende der Goldschicht erreicht wird. Erst am Ende der Goldschicht wird sich die Membran um 90° verbiegen, um die Pore zu überspannen. Der Radius dieser Verbiegung, r, wird nun im Folgenden hergeleitet. Damit sich die Membran um 90° verbiegt, muss eine Biegeenergie aufgewendet werden. Für eine Membran, die sich um einen Zylinder legt, ergibt sich für die Biegeenergie [Boa02]

[1] Auch wenn angenommen wird, dass die Membran sich innerhalb der Pore bildet, wird von einem Überspannen der Poren mit Membranen gesprochen

$$E_{\mathrm{B,\,Zylinder}} = \pi \kappa_{\mathrm{B}} \frac{L_{\mathrm{Z}}}{r_{\mathrm{Z}}} \ , \tag{7.1}$$

wobei L_{Z} die Länge des Zylinders, r_{Z} der Radius des Zylinders und κ_{B} die Biegesteifigkeit der Membran ist. Bei der vorliegenden Biegung der Membran wird angenommen, dass sich die Membran um ein Viertel eines virtuellen Zylinders legt, der sich an der Wand der Pore in der Form eines Torus befindet. Somit kann für die Länge $L = 2\pi\,(R-r)$ angenommen werden und es ergibt sich für die Biegeenergie:

$$E_{\mathrm{B}} = \frac{1}{4}\pi\kappa_{\mathrm{B}}\frac{2\pi\,(R-r)}{r} = \frac{1}{2}\pi^2\kappa_{\mathrm{B}}\left(\frac{R}{r}-1\right) \ . \tag{7.2}$$

In dem hier verwendeten einfachen Modell wird neben der Biegeenergie noch die Oberflächenenergie $E_\sigma = \sigma A$ (σ entspricht der Oberflächenspannung und A der Fläche der Membran) mitbetrachtet. Bei einer planaren Membran hat die Oberflächenspannung keinen Einfluss [Jäh96, Tra02], sondern nur bei gebogenen Membranen [Tra02, Ste06, Nor06] und für eine typische Lipidmembran beträgt $\sigma = 10^{-3}\mathrm{N/m}$ [Ste06]. Die Gesamtoberfläche der Lipiddoppelschicht innerhalb einer Pore, in der kein Kontakt zum Substrat vorliegt, setzt sich aus der ungebogenen planaren Fläche in der Mitte ($A_1 = \pi\,(R-r)^2$) und der gekrümmten Oberfläche entlang des virtuellen Torus ($A_2 = \pi^2 r(R+2r/\pi)$)zusammen und es ergibt sich:

$$E_\sigma = \sigma\pi\left[R^2 + (\pi-2)\,Rr + 3\pi r^2\right] \ . \tag{7.3}$$

Somit ist die Gesamtenergie der porenüberspannenden Membran:

$$E_{\mathrm{ges}} = E_{\mathrm{B}} + E_\sigma = \frac{1}{2}\pi^2\kappa_{\mathrm{B}}\left(\frac{R}{r}-1\right) + \sigma\pi\left[R^2 + (\pi-2)\,Rr + 3\pi r^2\right] \tag{7.4}$$

und hängt bei konstanten κ_{B} und σ nur vom Biegeradius, r, ab. Da das Membransystem bestrebt ist, einen energetisch niedrigen Zustand einzunehmen, muss gelten:

$$\frac{dE_{\mathrm{ges}}}{dr} = -\frac{1}{2}\pi^2\kappa_{\mathrm{b}}\frac{R}{r^2} + \sigma\pi\left[(\pi-2)\,R + 6\pi r\right] \stackrel{!}{=} 0 \ . \tag{7.5}$$

In einer ersten Näherung für $r \ll R$ kann angenommen werden, dass der lineare r-Term vernachlässigt werden kann und es ergibt sich:

$$-\frac{1}{2}\pi^2\kappa_{\mathrm{B}}\frac{R}{r^2} + \sigma\left(\pi^2 - 2\pi\right)R = 0 \ . \tag{7.6}$$

und der Biegeradius lässt sich mit der Gleichung

$$r = \sqrt{\frac{1}{2}\frac{\pi^2}{\pi^2-2\pi}} \cdot \sqrt{\frac{\kappa_{\mathrm{B}}}{\sigma}} = 1.173 \cdot \sqrt{\frac{\kappa_{\mathrm{B}}}{\sigma}} \tag{7.7}$$

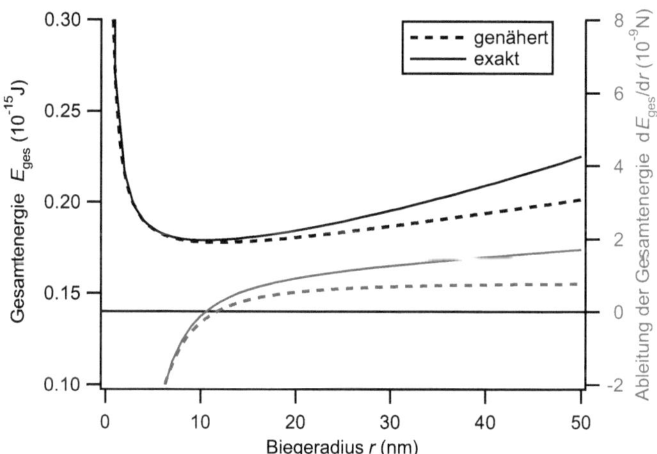

Abbildung 7.3: *Genäherte und exakte Gesamtenergie einer porenüberspannenden Membran (schwarz) und deren Ableitung (nach dem Biegeradius) gegen den Biegeradius (rot) für $R = 225$ nm, $\sigma = 10^{-3}$ N/m und $\kappa_B = 10^{-19}$ J.*

berechnen. Somit wird der Biegeradius, r, nur von κ_B und σ bestimmt. Für typische Werte für Membranen von $\kappa_B = 10^{-19}$J und $\sigma = 10^{-3}$N/m [Ste06] ergibt sich:

$$r \approx 12\text{nm} \ . \tag{7.8}$$

Der Biegeradius ist damit um mehr als eine Größenordnung kleiner als der Radius der Pore und die Membran ist in der Mitte der Pore eben gespannt.

Zur Überprüfung des entstandenen Fehlers, der bei der Näherung von Gleichung 7.5 zu Gleichung 7.6 entstanden ist, ist in Abbildung 7.3 die Gesamtenergie des Membransystems und die genäherte Energie, sowie deren Ableitungen, als Funktion des Biegeradius für angenommene Werte von $R = 225$ nm, $\sigma = 10^{-3}$ N/m und $\kappa_B = 10^{-19}$ J dargestellt.

Auf der linken Achse sind die Werte der Gesamtenergie in 10^{-15} J in schwarz aufgetragen. Die gestrichelte schwarze Linie entspricht den genäherten Gesamtenergiewerten und die durchgezogene schwarze Linie den exakten Gesamtenergiewerten. Es ist zu erkennen, dass beide Kurven ein physikalisch ähnliches Verhalten zeigen und etwa an der gleichen Position ihr Minimum besitzen. Zur genauen Bestimmung der Minima der Gesamtenergien ist zusätzlich die Ableitung der Gesamtenergien in 10^{-9} N gegen den Biegeradius an der rechten Achse aufgetragen. Zur Unterscheidung von den Gesamtenergien sind die Ableitungen in rot dargestellt. Beim Vergleich der Nulldurchgänge der beiden Linien ist festzustellen, dass diese sich um etwas mehr als einen Nanometer unterscheiden. Die Abschätzung des Biegeradius über die genäherte Gesamtenergie ergibt somit einen ähnlichen Wert wie bei der graphischen Bestimmung des Biegeradius über die exakte Gesamtenergie.

7.2 Messungen von porenüberspannenden Membranen mit dem Rasterkraftmikroskop

Im Folgenden soll die Problematik der mechanischen Wechselwirkungen zwischen der Spitze und Oberfläche beim Abbilden von porenüberspannenden Membranen mit dem Rasterkraftmikroskop gezeigt werden.

Für die Messungen wurde ein Rasterkraftmikroskop der Marke MFP-3D der Firma *Asylum Research* und Federbalken der Marke Bio-Lever (BL-RC150VB) der Firma *Olympus* mit einer geringen Federkonstanten von 0.006 N/m verwendet, da diese bei einem vergleichsweise großem Regelsignal eine geringe Kraft auf die Probe ausüben. Das Rasterkraftmikroskop wurde im Kontakt-Modus betrieben, da in Flüssigkeiten eine vergleichbare vertikale Kraft von Spitze auf Probe ausgeübt wird wie im Tapping mode [Jia04], jedoch die Handhabung einfacher ist.

Ergebnisse der Untersuchungen mit dem Rasterkraftmikroskop sind in Abbildung 7.4 dargestellt. In allen Topographiebildern (a-d), die nacheinander an derselben Stelle auf einem Substrat mit 450 nm durchmessenden Poren aufgenommen wurden, wurden die Höhen mit 500 nm gleich skaliert. Die Größe der dargestellten Bereichs beträgt 5 µm × 5 µm und die Linienrate betrug jeweils 0.2 Hz, in der 256 Datenpunkte in 128 Linien aufgenommen wurden.

Die Topographiebilder in Abbildung 7.4 (a) und (b) wurden mit einem Sollwert der Abstandsregelung aufgenommen, der einer Kraftausübung auf die Probe von etwa 200 pN entspricht und damit auch für rasterkraftmikroskopische Aufnahmen sehr gering ist. Auf den Bildern sind die regelmäßig angeordneten Poren sehr gut zu erkennen, jedoch werden die Poren mit zwei unterschiedlichen Tiefen wiedergeben. Die dargestellte Tiefe von den in schwarz erscheinenden Poren beträgt bis zu 450 nm, wohingegen die anderen Poren lediglich eine Tiefe von ca. 60 nm aufweisen und damit nur mit einem etwas dunkleren Orange als die glatte Oberfläche des Substrats zu erkennen sind. Bei diesen Poren ist jeweils eine Membran über die Pore gespannt, die innerhalb der Poren eben verläuft. An den Rändern der Poren kann das genaue Biegeverhalten, aufgrund der Geometrie der Spitze, nicht untersucht werden, jedoch lässt sich abschätzen, dass der Biegeradius kleiner als 50 nm sein muss. Diese Abschätzung unterstützt das theoretischen Model (Abschnitt 7.1.3), bei dem sich der Biegeradius zu $r \approx 12$nm ergibt.

Dass es sich bei den Poren mit 60 nm dargestellter Tiefe wirklich um mit Membran überspannte Poren handelt, ist besonders an einer Pore zu erkennen, bei der während des Scans die Membran zerplatzt ist. Zur Veranschaulichung wurde an der Stelle der dunkelgrauen Linie, welche mit I gekennzeichnet ist, ein Höhenprofil entnommen, welches in Abbildung 7.4 (e) zu sehen ist. Da es sich bei den Abbildungen um Bilder des Retraces handelt, wird das Höhenprofil von rechts nach links diskutiert. Zuerst wurde die glatte Oberfläche abgebildet, bevor die Spitze in die erste Pore eindrang. Die dargestellte Tiefe der Pore beträgt etwa 60 nm und erscheint relativ eben in der Mitte der Pore. Es handelt sich somit um eine Abbildung einer porenüberspannten Membran. Anschließend wurde wieder das glatte Substrat abgebildet, bevor die Spitze in eine zweite Pore eingedrungen ist. Zunächst wurde hier auch eine Membran abgebildet, die wiederum etwa 60 nm tiefer liegt als die glatte

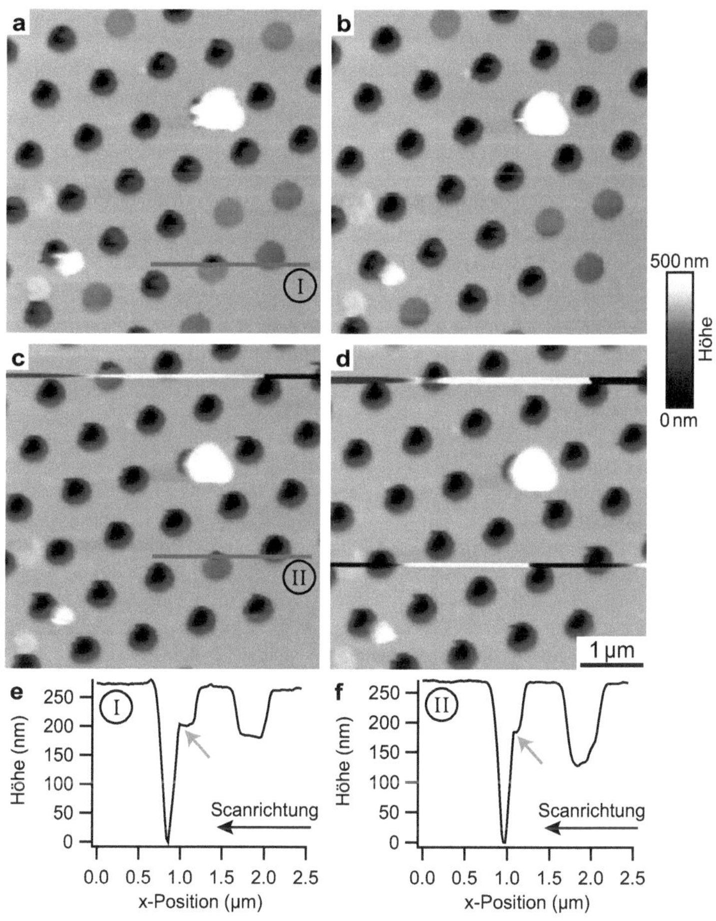

Abbildung 7.4: *Topographiebilder (a-d) von einem porösen Siliziumsubstrat mit* 450 *nm durchmessenden Poren und zugehörigen Höhenprofilen (e,f), abgebildet mit einem Rasterkraftmikroskop nach der Präparation der Lipidmembranen. Die Auflagekraft der Spitze betrug etwa* 200 *pN in (a,b) und etwa* 1 *nN in (c,d). Bei allen dargestellten Topographiebildern handelt es sich um Daten des Retraces. (a,c): Upscan; (b,d): Downscan.*

Oberfläche, bevor etwa in der Mitte der Pore die Membran zerplatzte und die Spitze sofort viel tiefer in die Pore eindrang (grauer Pfeil). Anschließend verließ die Spitze am Ende der Pore diese wieder und die glatte Oberfläche des Substrats wurde erneut abgebildet. Bei dem Topographiebild in Abbildung 7.4 (a) handelt es sich neben dem Retrace auch um einen Upscan, was bedeutet, dass als erstes die unterste Linie gescannt und dann die Probe Linie für Linie nach oben weiter abgebildet wurde. Bei Betrachtung der Tiefe der Pore, in der die Membran während des Scans zerplatzt ist, ist unterhalb der dunkelgrauen Linie zu sehen, dass die Membran abgebildet wurde, während oberhalb der Linie eine viel größere Tiefe der Pore gemessen wurde. Beim erneuten Abbilden dieses Ausschnitts auf dem Substrat mit derselben Kraft (Abbildung 7.4 (b)) sind alle Poren, die zuvor mit Membranen überspannt waren immer noch mit Membranen überspannt und nur die Pore, die zuvor zerplatzte, ist als eine weitere offene Pore zu erkennen (grau gestrichelter Kreis).

Im Anschluss wurde der Sollwert der Abstandsregelung verändert, sodass eine Kraft von 1 N auf die Probe ausgeübt wurde. Ansonsten wurde derselbe Bereich wie zuvor mit gleichen Bedingungen abgebildet. Das Topographiebild in Abbildung 7.4 (c) zeigt wieder das Retracebild eines Upscans. Insgesamt wird nur noch bei zwei Poren eine porenüberspannende Membran beobachtet, die jedoch jeweils während des Abbildens zerplatzt sind. Die mit II gekennzeichnete dunkelgrau Linie kennzeichnet die Position des entnommenen Höhenprofils, welches in Abbildung 7.4 (f) zu sehen ist. Hier verlief die Scanrichtung wiederum von rechts nach links und nachdem zunächst ein randnaher Bereich einer offenen Pore abgebildet wurde, hat die Spitze die Membran in der nächsten Pore zunächst abgebildet, dann aber ist die porenüberspannte Membran während des Abbildens zerplatzt (grauer Pfeil). Warum die anderen Poren, die zuvor noch von einer Membran überspannt waren, nicht mehr überspannt waren, lässt sich nicht eindeutig klären, aber es ist denkbar, dass bei dieser Kraft die Membranen schon zerplatzen können, wenn die Kraftausübung in der Nähe der Poren stattfindet. Das Topographiebild des anschließenden Scans mit derselben Kraft wie zuvor, welches in Abbildung 7.4 (d) zu sehen ist, zeigt, dass keine Pore mehr von einer Membran überspannt wurde.

Den Ergebnissen aus den rasterionenleitfähigkeitsmikroskopischen Untersuchungen vorwegnehmend, wurde ein Zerplatzen einer porenüberspannenden Membran nie beobachtet, wenn sich die Pipettenspitze an der selben lateralen Position wie die Membran befunden hat. Daher zeigen die rasterkraftmikroskopischen Messungen eindeutig, dass die Kräfte, die beim Scannen mit dem Rasterkraftmikroskop auf die Membran ausgeübt werden, die Ursache für das Zerplatzen der porenüberspannenden Membranen sind und dass das Rasterkraftmikroskop nur bedingt geeignet ist, um die porenüberspannenden Membranen zu untersuchen. Bei allen in diesem Kapitel noch folgenden Topographiebildern handelt es sich daher um Messergebnisse, die mit dem Rasterionenleitfähigkeitsmikroskop im z-Modulations-Modus aufgenommen wurden.

7.3 Membrandynamik

Bei den Untersuchungen von den porenüberspannenden Membranen mit dem Rasterionenleitfähigkeitsmikroskop wurde manchmal ein zeitlich dynamisches Verhalten beobachtet, das jedoch unterschiedlich in Erscheinung getreten ist. So wurde beobachtet, dass sich eine porenüberspannende Membran auch nach längerer Zeit nach dem Auftragen der Lipidlösung bilden kann oder dass die porenüberspannenden Membranen nach einiger Zeit zerplatzen können. Im Folgenden werden diese verschiedenen Aspekte der Dynamiken von porenüberspannenden Membranen separat diskutiert.

7.3.1 Selbständiges Zerplatzen von porenüberspannenden Membranen

In manchen Messungen ist beim Abbilden mit dem Rasterionenleitfähigkeitsmikroskop ein Zerplatzen von porenüberspannenden Membranen beobachtet worden. Im Gegensatz zu den Messungen mit dem Rasterkraftmikroskop wurde dabei jedoch nie beobachtet, dass die Membran, die eine Pore überspannt, zerplatzte, während die Pipette sich überhalb dieser Pore befand. Das Ergebnis einer solchen Messung, in der die Membranen scheinbar zufällig zerplatzen, ist in Abbildung 7.5 zu sehen.

Die Topographiebilder zeigen einen Bereich von 8 µm × 8 µm auf einem Substrat mit 450 nm durchmessenden Poren (Abbildung 7.5 (a-e)). Das Substrat wurde nach der Präparation in einer PBS-Lösung untersucht. Die Aufnahmezeit eines jeden Bildes betrug etwa 10 min und es wurden 256 × 256 Datenpunkte pro Bild aufgenommen. Der Sättigungsstrom schwankte während der Messzeit, die mehr als drei Stunden betrug, zwischen 1.7 nA und 2.4 nA. Zum besseren Vergleich der einzelnen Topographiebilder wurden alle Bilder auf eine dargestellte Höhe von maximal 120 nm skaliert. Um den Effekt des Zerplatzen der porenüberspannenden Mebranen zu zeigen, werden nicht alle in der Zwischenzeit aufgenommenen Bilder dargestellt, sondern nur nach zeitlichen Abständen ausgesuchte Messergebnisse.

Das Topographiebild in Abbildung 7.5 (a) zeigt das erste aufgenommene Bild der Messreihe und der Zeitpunkt, in dem das Bild vollständig aufgezeichnet wurde, ist mit $t = 0\,\mathrm{h}$ definiert. Auf dem Bild sind die regelmäßig angeordneten Poren zu erkennen, wobei die Poren mit zwei unterschiedlichen Tiefen wiedergegeben werden. Die ebene Oberfläche des Substrats wird durch gelbliche Farbtöne wiedergegeben. Bei den tief dunkel erscheinenden Poren handelt es sich um offene Poren, während die mit Membranen überspannten Poren an den rötlichen Tönen zu erkennen sind. Insgesamt sind in diesem Bild fast alle Poren mit Membranen überspannt und lediglich sechs Poren sind offen, was einem Prozentsatz von 92 % an mit Membranen überspannten Poren entspricht. Im Anschluss an die Aufnahme dieses Bildes wurden im 10-min-Takt weitere Bilder aufgenommen. Das Topographiebild, welches nach $t = 0.5\,\mathrm{h}$ aufgenommen wurde, zeigt wieder offene und mit Membranen überspannte Poren (Abbildung 7.5 (b)). Neben den Poren die schon zuvor offen waren, sind in diesem Bild weitere offene Poren zu beobachten und der Anteil an mit Membranen überspannten Poren ist auf 84 % gesunken. Nach einer Messzeit von $t = 1\,\mathrm{h}$ waren noch 72 % der Poren überspannt (Abbildung 7.5 (c)). Nach einer weiteren Stunde bei $t = 2\,\mathrm{h}$, ist dieser Anteil auf nur noch 20 % gesunken (Abbildung 7.5 (d)). Zusätzlich ist in dieser Abbildung eine Pore zu sehen, bei der eine Membran zwischen den Messlinien zerplatzt ist (dargestellt im grau gestricheltem Kreis). Bei dieser Messung handelt es sich um einen Downscan, sodass zuerst der obere Bereich der Pore abgebildet wurde. Dieser zeigt noch

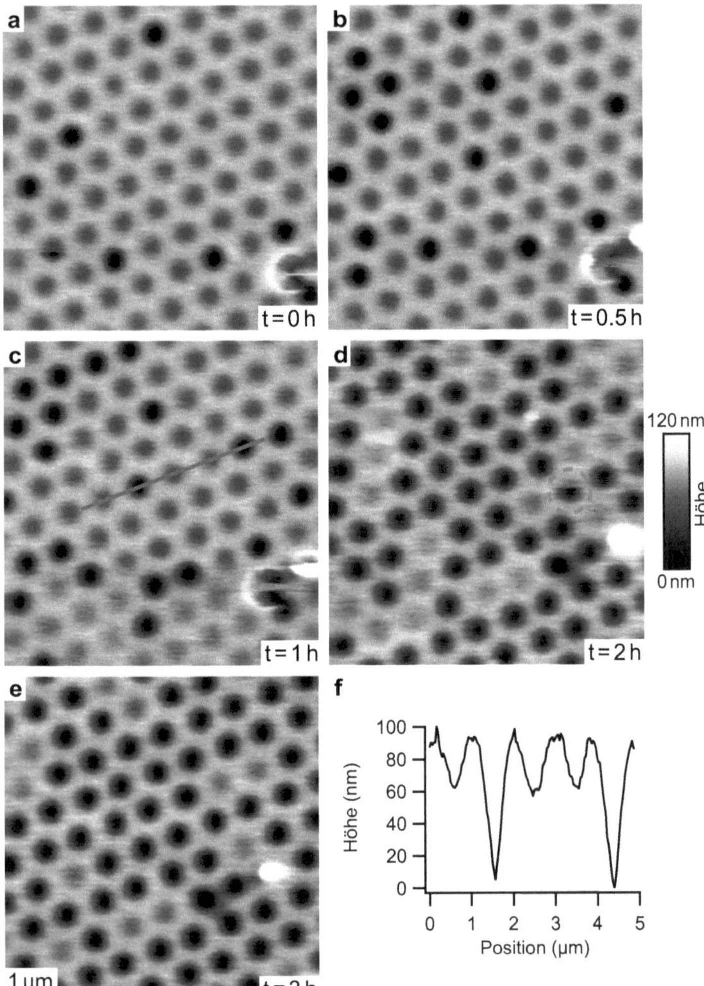

Abbildung 7.5: *Topographiebilder (a-e) von einem porösen Siliziumsubstrat mit 450 nm durchmessenden Poren, abgebildet mit dem Rasterionenleitfähigkeitsmikroskop nach der Präparation der Lipidmembranen. (f) Zugehörigen Höhenprofil, entlang der dunkelgrauen Linie in (c). Diese Messreihe, bei der alle 10 min ein neues Bild aufgenommen wurde (hier aber nur ausgewählte Bilder dargestellt sind) zeigt das zufällige, nicht durch die Pipettenspitze induzierte Zerplatzen von porenüberspannenden Membranen mit der Zeit.*

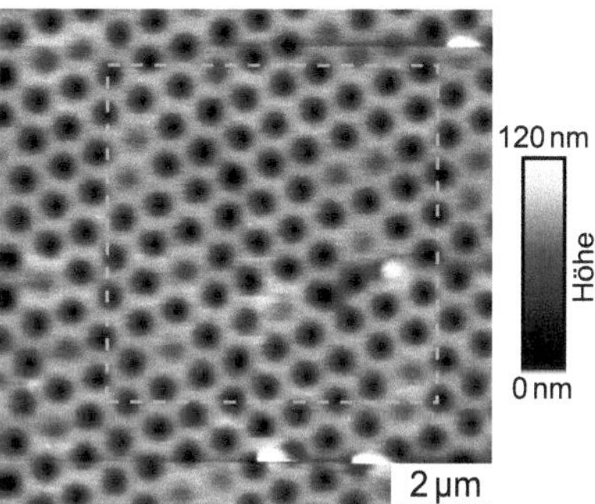

Abbildung 7.6: *Topographiebild von derselben Probe wie in Abbildung 7.5, welches direkt im Anschluss mit einem vergrößerten Scanbereich aufgenommen wurde.*

eine Tiefe, wie sie für eine mit einer Membran überspannte Pore typisch ist, wogegen der untere Bereich die Tiefe einer offenen Pore besitzt. Jedoch wurde das Zerplatzen nicht, wie bei der rasterkraftmikroskopischen Aufnahme durch die Messsonde induziert, sondern die Membran ist zufällig zwischen zwei Scanlinien zerplatzt. Das Topographiebild in Abbildung 7.5 (e) zeigt die Aufnahme für $t = 3\,\mathrm{h}$, in der nur noch ein Anteil von 17 % an mit Membranen überspannten Poren vorhanden ist.

Das Höhenprofil in Abbildung 7.5 (f) stammt aus dem Topographiebild in Abbildung 7.5 (c) entlang der dunkelgrauen Linie. In dem Profil sind fünf Poren zu erkennen, wovon zwei Poren offen und drei Poren mit einer Membran überspannt waren. Die Tiefe der dargestellten offenen Poren beträgt etwa 80 nm und die der mit Membran überspannten Poren sind mit einer Tiefe von 30 nm zu erkennen. Die Form der überspannten Poren ist in etwa gaußförmig und nicht, wie bei den Messungen mit dem Rasterkraftmikroskop oder in der Theorie vorhergesagt, in der Mitte der Pore eben verlaufend. Hierbei handelt es sich jedoch lediglich um ein Abbildungsartefakt, das durch das endliche Auflösungsvermögen des Rasterionenleitfähigkeitsmikroskops entstanden ist [Rhe09 b].

Im Anschluss an diese Messung wurde auf derselben Position auf dem Substrat noch ein weiteres Topographiebild aufgenommen, bei dem ein Bereich von 12 µm × 12 µm abgebildet wurde (Abbildung 7.6). In der Mitte des Bildes sind dieselben Poren wie in Abbildung 7.5 dargestellt (hellgrau gestricheltes Quadrat). Der Prozentsatz an mit Membranen überspannten Poren in diesem Topographiebild ist ähnlich zu dem vorherigen aufgenommenen Bild mit kleinerem Scanbereich (Abbildung 7.5 (e)). Also zerplatzten die Membranen zuvor auch in Bereichen die nicht abgebildet wurden, was ein deutliches Indiz dafür ist, dass das Zerplatzen der porenüberspannenden Membranen nicht durch die Pipettenspitze induziert wurde.

Beim Auftragen der Anteile von den mit Membranen überdeckten Poren gegen die Messzeit (Daten nicht gezeigt) kann kein systematisches Verhalten, wie zum Beispiel ein exponentieller Abfall, festgestellt werden. Bei verschiedenen anderen Messreihen wurde ebenfalls ein Zerplatzen der porenüberspannenden Membranen beobachtet, jedoch variiert die Rate des Zerplatzens der Membranen zwischen diesen Messungen deutlich. Beispielsweise wurde bei einer Messung über einen Zeitraum von mehr als einer Stunde in einem Bereich von 15 µm × 15 µm kein Zerplatzen von einer porenüberspannenden Membran beobachtet, bevor dann innerhalb von wenigen Minuten sich fast alle Poren geöffnet haben, obwohl keine Veränderung an dem Messsystem vorgenommen wurde.

7.3.2 Nachträgliche Ausbildung von porenüberspannenden Membranen

Andere Versuchsreihen zeigten, dass zu Beginn der Messung nicht alle Poren von einer Membran überspannt waren, sondern dass mehrere Pore offen blieben. Bei manchen dieser Messreihen wurde beobachtet, dass sich zu späteren Zeitpunkten noch Membranen über die offenen Poren gespannt haben (Abbildung 7.7).

Die Topographiebilder (Abbildungen 7.7 (a-c)) zeigen einen 15 µm × 15 µm großen Bereich eines Substrats mit 450 nm durchmessenden Poren. Das Substrat wurde nach der Präparation in einer 0.5 M KCl-Lösung untersucht. Die Aufnahmezeit eines jeden Bildes betrug 10 min und es wurden jeweils 256 × 256 Datenpunkte pro Bild aufgenommen. Der Sättigungsstrom lag bei dieser Messung im Bereich um 10.8 nA, was bedeutet, dass, auch wenn die Konzentration des Elektrolyten vergleichsweise hoch war, eine Pipette mit recht großer Öffnung zum Abbilden verwendet wurde. Zum Vergleich der Messergebnisse wurden alle Topographiebilder auf dieselbe maximale dargestellte Höhe von 80 nm skaliert.

Der Zeitpunkt, bei dem das erste aufgenommene Topographiebild der Messreihe vollständig aufgezeichnet wurde (Abbildungen 7.7 (a)), ist mit $t = 0\,\text{h}$ definiert worden. Das Bild zeigt wieder die regelmäßige hexagonale Anordnung der Poren. Die offenen Poren sind durch die dunklen Farbtöne zu erkennen, wohingegen die membranüberspannten Poren mit dunklen Orangetönen nur leicht von der ebenen Substratoberfläche in gelb zu unterscheiden sind. Es ist zu erkennen, dass deutlich mehr als die Hälfte aller Poren mit einer Membran überspannt sind. Das Topographiebild in Abbildungen 7.7 (b) zeigt denselben Bereich der direkt im Anschluss an die vorherige Aufnahme abgebildet wurde. Bei dieser Messung handelt es sich um einen Downscan. Somit wurde als Erstes der obere Bereich abgebildet, in dem dieselbe Verteilung an offenen Poren in der rechten oberen Ecke abgebildet ist, wie auch schon in dem vorherigen Topographiebild. Beim weiteren Verlauf des Scans wurden jedoch immer weniger offene Poren gemessen. An zwei der wenigen offenen Poren ist sogar zu erkennen, dass sich eine Membran zwischen zwei Scanlinien über die Poren gespannt hat (grau gestrichelte Kreise). Der abschließende Scan zeigt, dass anschließend alle Poren des abgebildeten Bereichs mit einer Membran überspannt waren (Abbildungen 7.7 (c)).

Das Höhenprofil in Abbildung 7.7 (d) ist dem Topographiebild in Abbildung 7.7 (a) an der Stelle der dunkelgrauen Linie entnommen worden. Über die Länge der Linie von 5 µm wurden fünf Poren abgebildet, wovon zwei Poren offen und drei Poren mit einer Membran überspannt waren. Die dargestellte Tiefe der offenen Poren beträgt zwischen 60 nm und 70 nm und bei den mit Membranen überspannten Poren beträgt die dargestellte Tiefe zwischen 10 nm und 20 nm. Somit sind die dargestellten Tiefen sowohl von der offenen als

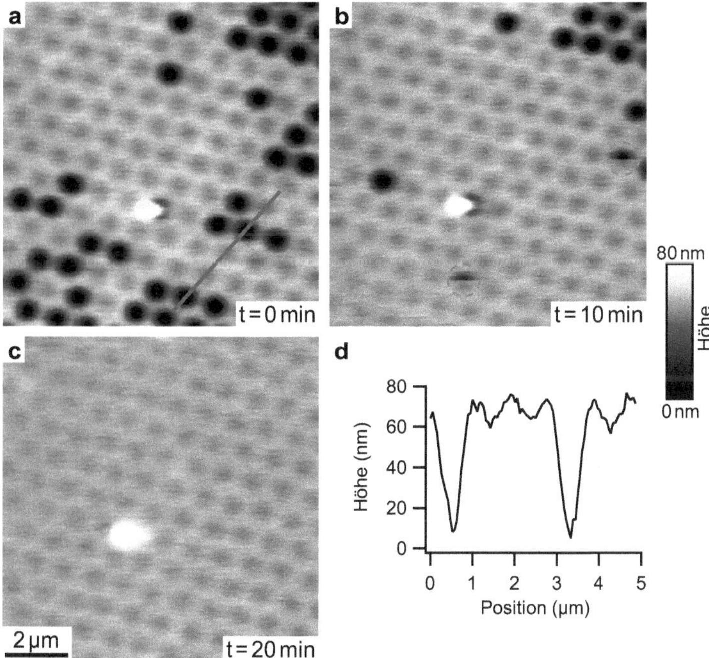

Abbildung 7.7: *Topographiebilder (a-c) von einem porösen Siliziumsubstrat mit 450 nm durchmessenden Poren, abgebildet mit dem Rasterionenleitfähigkeitsmikroskop nach der Präparation der Lipidmembranen. (d) Zugehörigen Höhenprofil, entlang der dunkelgrauen Linie in (a). Diese Messreihe, bei der alle 10 min ein neues Bild aufgenommen wurde, zeigt, dass Poren auch noch nach einiger Zeit, nachdem das Lösungsmittel mit den Lipiden auf das Substrat aufgebracht wurde, von Membranen überspannt werden können.*

auch von den mit Membranen überspannten Poren kleiner als bei der zuvor gezeigten Messung in Abbildung 7.5. Der Grund hierfür liegt in der verwendeten Pipette, die bei dieser Messung eine größere Spitzenöffnung hatte und sich somit breitere Abbildungsartefakte ergaben, die sich letztendlich an der geringeren dargestellten Tiefe der Poren bemerkbar machte [Rhe09 b].

Ob bei den Messungen ein Zerplatzen der porenüberspannenden Membranen stattfindet oder ein nachträgliches Ausbilden von Membranen möglich ist, hängt von verschiedenen Faktoren ab. Der erste Faktor ist die Menge der auf das Substrat aufgebrachten Lipidlösung. So wird die Lipidlösung mit einem Pinsel auf das Substrat aufgebracht, welcher eine genaue Dosierung an aufgebrachter Lösungsmittelmenge nicht zulässt. Ein weiterer Faktor rührt von dem Abstand zwischen dem Bereich, auf dem die Lipidlösung auf dem Substrat aufgebracht wurde und dem, wo die Messung auf der Probe stattgefunden hat, her. So verteilt sich die Lipidlösung nicht überall gleich, sondern im Bereich des Auftragens ist auch nach einigen Minuten noch ein höherer Anteil an Lösungsmittel vorhanden, als in Bereichen, die weiter weg vom Bereich des Auftragens liegen. Ein letzter Faktor, der die Stabilität der Membran beeinflusst, ist die Qualität der Funktionalisierung.

Bei der zuletzt vorgestellten Messung (Abbildung 7.7) wurden die Topographiebilder an einer Stelle auf dem Substrat aufgenommen, an der noch eine relativ große Menge von der Lipidlösung vorhanden war. Die Tatsache, dass zu Anfang der Messung nicht alle Poren mit einer Membran überspannt waren, jedoch in der Zeit die offenen Poren noch überspannt wurden, ist ein eindeutiges Indiz dafür, dass sich noch Lösungsmittel auf dem Substrat befunden hat, welches die Beweglichkeit der Lipide erhöhte [Wei07].

Die Topographiebilder, bei der die porenüberspannenden Membranen nach und nach zerplatzten (Abbildung 7.5), wurden an einer Stelle auf dem Substrat aufgenommen, bei der eine kleinere Menge an Lipidlösung aufgebracht wurde. Die Tatsache, dass nur ein Zerplatzen von den Membranen beobachtet wurde und nicht ein einziges erneutes Überspannen einer Pore, lässt darauf schließen, dass die Poren nur mit einer Lipiddoppelschicht überspannt waren und kaum noch Lösungsmittel vorhanden war. Dass die porenüberspannenden Membranen nicht länger stabil blieben, könnte auch ein Indiz für eine nicht perfekt funktionalisierte Substratoberfläche sein. Allgemein wurde festgestellt, dass die Rate von zerplatzenden Membranen auf Substraten mit Porendurchmessern von 800 nm höher ist als bei den Substraten mit Porendurchmessern von 450 nm. Bei den Substraten mit 450 nm durchmessenden Poren wurde in den meisten Fällen eine Stabilität der porenüberspannenden Membranen über Stunden bis hin zu einem Tag beobachtet, in der nicht eine Membran zerplatzt ist. Damit zeigen die über die Aufbringung mit Lösungsmitteln präparierten Membranen eine ähnliche Langzeitstabilität wie bei einer Präparationsmethode, bei der die porenüberspannenden Membranen über Vesikelspreitungen entstanden sind [Sch06 b].

7.4 Membran-Detergenz-Reaktionen

In einer weiteren Messreihe wurde untersucht, wie sich die überspannenden Membranen verhalten, wenn eine Detergenz zu dem Elektrolyten hinzugefügt wird (Abbildung 7.8).

Für diese Messung wurde ein Siliziumsubstrat mit 800 nm durchmessenden Poren verwendet. Nach der Funktionalisierung wurde das Substrat in eine PBS-Lösung gelegt. Vor dem Auftragen der Lipidlösung wurde die Oberfläche abgebildet und es wurden keine Verunreinigungen oder verstopfte Poren beobachtet (Daten nicht gezeigt). Der Sättigungsstrom betrug über die gesamte Messdauer von etwa 4 h zwischen 6.3 nA und 6.5 nA. Somit wurde eine Pipette mit einer vergleichsweise großen Spitze verwendet, was jedoch bei den Substraten mit 800 nm durchmessenden Poren notwendig ist, um ein Signal zur Abstandsregelung innerhalb der Poren zu bekommen. Der Grund hierfür liegt an der fehlenden Oberfläche unterhalb der Pipettenöffnung, die normalerweise für den Abfall des Ionenstroms verantwortlich ist. Eine genaue Erklärung, wieso eine Abstandsregelung auch innerhalb der Poren funktioniert, wird anhand von Strom-Abstands-Kurven im nächsten Abschnitt geliefert. Die Linienrate betrug jeweils 0.2 Hz und es wurden 256 × 256 Datenpunkte aufgenommen, sodass die Messzeit pro Bild etwa 21 min dauerte. Zur besseren Unterscheidbarkeit wurden die Topographiebilder mit einer gleichen Skalierung von maximalen Höhenunterschieden von 150 nm versehen.

Das Topographiebild in Abbildung 7.8 (a) zeigt das Messergebnis eines Downscans, welcher direkt nach dem Aufbringen der Lipidlösung auf das funktionalisierte Substrat gestartet wurde. Die Position, in dem der abgebildete Bereich von 15 µm × 15 µm aufgenommen wurde, lag dabei etwas entfernt von der Position, an der die Lipidlösung aufgetragen wurde. So wurden zu Beginn der Messung nur offene Poren abgebildet und erst nachdem etwa die Hälfte des Bildes aufgezeichnet wurde, wurden auch mit Membranen überspannte Poren beobachtet. Nach wenigen Minuten waren alle Poren mit Membranen überspannt und keine offene Pore wurde mehr beobachtet. Zur Veranschaulichung dieses Vorgangs wurde die Anzahl der offenen Poren gegen die Zeit für diese Messung aufgetragen (Abbildung 7.8 (e)). Die Anzahl der offenen Poren wurde immer für eine Messlinie bestimmt. Zur Illustration ist im zugehörigen Topographiebild eine solche Messlinie in graue gestrichelt eingefügt worden. Die Messlinien wurde jeweils durch die Mitte der Poren gelegt und der Abstand dieser einzelnen Messlinien, wie sie beim Abbilden aufgetreten und im Topographiebild zu sehen sind, beträgt, nach der Umrechnung in die Messzeit, etwa eine Minute. Insgesamt liegen die Mittelpunkte von sieben Poren auf einer der Messlinie, sodass die maximale Anzahl der offenen Poren ebenfalls bei sieben liegt. Der Graph in Abbildung 7.8 (e) zeigt somit, dass es circa 10 min dauerte, bis die Lipidlösung den Messbereich erreicht hatte. Nach dem Erreichen wurden die Poren jedoch recht schnell von den Membranen überspannt, so dass nach etwa 3 min keine offene Pore mehr beobachtet wurde. Das anschließende Topographiebild (Abbildung 7.8 (b) zeigt denselben Bereich auf dem Substrat. Hier sind nur noch geringe topographische Unterschiede zu sehen, jedoch lässt sich die regelmäßige Anordnung der Poren immer noch leicht erkennen. Dass die topographischen Vertiefungen, wie sie von den überspannten Membranen innerhalb der Poren erzeugt werden, nicht gut aufgelöst wurden, liegt daran, dass die Pipettenspitze relativ groß war und somit ein schlechtes Auflösungsvermögen hatte. Im Anschluss wurde der Bereich über mehr als zwei Stunden abgebildet, ohne dass eine porenüberspannende Membran geplatzt ist.

In Abbildung 7.8 (c) ist das aufgenommene Topographiebild, welches an derselben Stelle wie zuvor aufgezeichnet wurde, dargestellt, nachdem etwas Detergenz zu dem Elektrolyten hinzugefügt wurde. Bei der Dertergenz handelte es sich um Tween 20, welches ein nichtionisches Tensid ist. Durch den nichtionischen Charakter kann somit ein direkter Einfluss auf die Ionenstrommessung ausgeschlossen werden. Das Tween 20 wurde als Tropfen dem Elektrolyten hinzugefügt und löste sich innerhalb von wenigen Minuten in diesem vollständig auf. Da sich die Moleküle des Tensids gleichmäßig in dem Elektrolyten verteilen, werden sie auch mit den porenüberspannenden Membranen in Berührung kommen. Dabei werden die Lipide der Membranen mit den Tensidmolekülen reagieren und folglich werden die Membranen zerplatzen. Bei dem abgebildeten Topographiebild handelt es sich wiederum um das Ergebnis eines Downscans. Somit wurden die oberen Linien zuerst aufgenommen, in denen die intakten porenüberspannenden Membranen zu sehen sind. Erst zur Mitte des

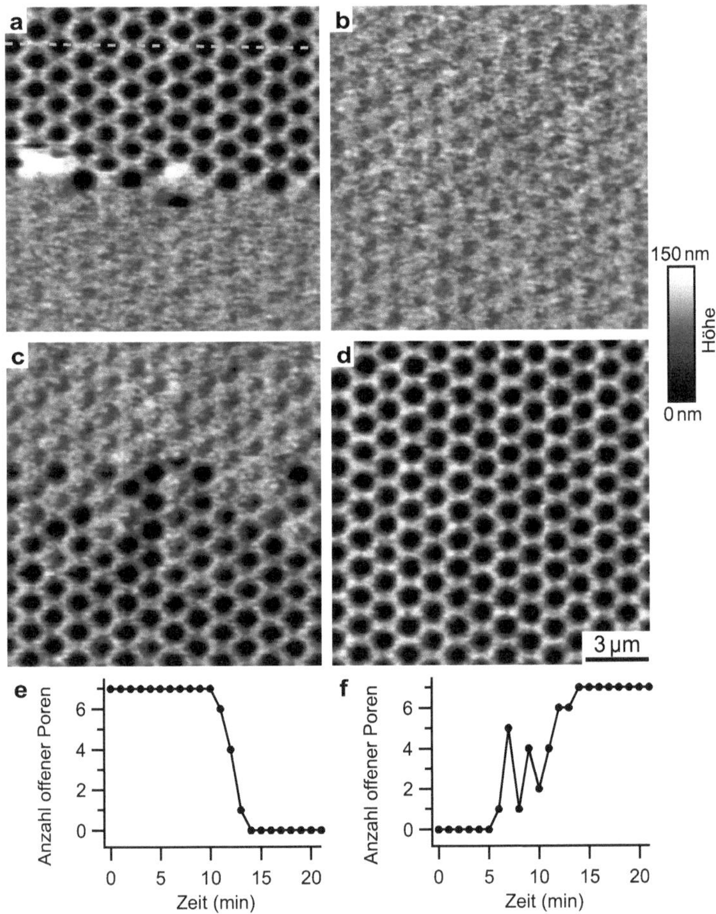

Abbildung 7.8: *Topographiebilder (a-d) von einem porösen Siliziumsubstrat mit 800 nm durchmessenden Poren. Direkt vor Beginn des Downscans in (a) wurde die Lipidlösung auf das Substrat aufgebracht. Nachdem sich die porenüberspannenden Membranen gebildet hatten, blieben die Membranen über Stunden stabil (b). Nach Zugabe des Detergenz Tween 20 zerplatzten die Mebranen, wie im Downscan in (c) zu sehen, bis schließlich alle Poren wieder offen waren (d). (e,f) Zeitlicher Verlauf der Anzahl von offenen Poren aus den Topographiebildern (a) und (c).*

Bildes sind die ersten offenen Poren zu beobachten, deren Anzahl nach unten hin zu nimmt. Im unteren Bereich sind schließlich nur noch offene Poren dargestellt. Um den zeitlichen Verlauf der Porenöffnungen besser zu veranschaulichen, wurde wiederum die Anzahl der gemessenen offenen Poren gegen die Zeit aufgetragen (Abbildung 7.8 (f)), wobei die Bestimmung der Anzahl der offenen Poren, wie schon zuvor beschrieben, erfolgte. So wurde in den ersten 5 min keine messbare Reaktion der Tensidmoleküle mit den Membranen beobachtet. Anschließend zerplatzten jedoch mehrere der porenüberspannenden Membranen und nach weiteren 10 min wurden nur noch offene Poren beobachtet. In der Zwischenzeit wurde jedoch kein monotoner Anstieg der Anzahl der offenen Poren beobachtet. Somit hat sich die Detergenz nicht über einen Fließprozess über das Substrat verteilt, wie es die Lipidlösung gemacht hat, sondern die porenüberspannenden Membranen wurden über Zufallsprozesse zum Zerplatzen gebracht. Die anschließende Messung zeigte, dass alle porenüberspannende Membranen zerplatzten und nur noch offen Poren vorhanden waren (Abbildung 7.8 (d)). Der gemessene Durchmesser und die gemessenen Tiefe der offenen Poren unterscheiden sich dabei nicht von den Werten, wie sie vor dem Aufbringen der Lipidlösung gemessen wurden.

Diese Messung zeigt das Verhalten der Membranbildung über den Poren, wie es in der Regel beobachtet wurde. So bilden sich die porenüberspannenden Membranen sofort, wenn das Lösungsmittel mit den Lipiden die Poren erreicht. Die Reaktion mit dem Tween 20 ist ein Indiz dafür, dass es sich, aufgrund der gemessenen Veränderungen in der Porentiefe, tatsächlich um abgebildete Lipidmembranen gehandelt hat.

7.5 Membranmanipulation

Neben dem Abbilden von porenüberspannenden Membranen wurden mit dem Rasterionenleitfähigkeitsmikroskop auch erstmals gezielte Manipulationen an den Membranen durchgeführt. Hierzu wurde das fertig präparierte Substrat zunächst abgebildet und anhand des Topographiebildes konnten die mit Membranen überspannten Poren durch ihre dargestellte Tiefe identifiziert werden. Anschließend wurde die Pipettenspitze mit Hilfe des x-, y-, z-Scanners mehrere Mikrometer oberhalb einer porenüberspannten Membran positioniert. Im nächsten Schritt wurde während einer Strom-Abstands-Kurven die Pipettenspitze mit der Membran in Berührung gebracht. Diese Berührung reichte aus um die Membran zum Zerplatzen zu bringen. Im Folgenden wird dieser Vorgang des gezielten Zerplatzens von Membranen anhand von den aufgezeichneten Strom-Abstands-Kurven genauer beschrieben (Abbildung 7.9).

Nachdem die porösen Substrate mit den porenüberspannenden Membranen in einer PBS-Lösung abgebildet wurden, wurde jeweils die Spitze der Pipette in etwa 2 µm Abstand oberhalb einer mit einer Membran überspannten Pore positioniert. Anschließend wurde eine Strom-Abstands-Kurve über eine Distanz von 1 µm aufgenommen. Die Rate einer solchen Strom-Abstands-Kurve betrug 1 Hz und es wurden 512 Datenpunkte aufgezeichnet. Da der geringste Abstand zwischen Pipettenspitze und Probe etwa 1 µm betrug, wurde kein Abfall im Ionenstrom beobachtet. Im Anschluss an diese Strom-Abstands-Kurve wurde ein Offset auf die z-Piezoausdehnung von 100 nm für den Startpunkt der nächsten

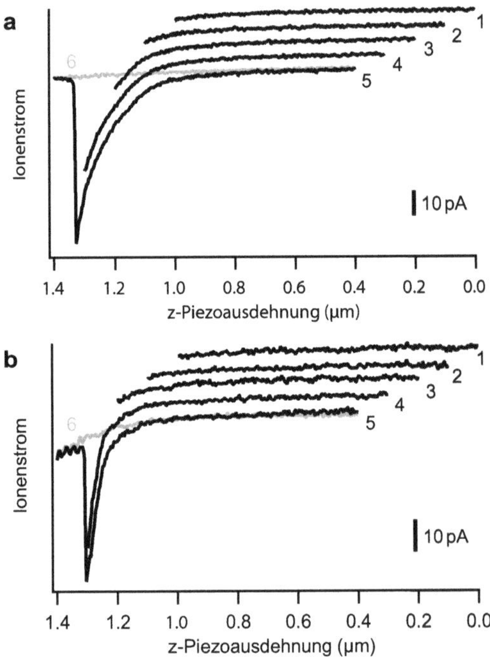

Abbildung 7.9: *Strom-Abstands-Kurven auf 450 nm (a) und 800 nm durchmessenden mit Membranen überspannten Poren, aufgenommen in einer PBS-Lösung. Die schwarzen Kurven (1-5) zeigen den Ionenstrom gegen die z-Piezoausdehnung über eine Annäherungsdistanz von 1 µm. Nach jeder Annäherungskurve wurde ein Offset von 100 nm zur z-Piezoausdehnung hinzugefügt, bis schließlich die Membran von der Spitze der Pipette am Kontaktpunkt zum Zerplatzen gebracht wurde (Kurve 5). Zur besseren Unterscheidung wurden die einzelnen Annäherungskurven mit einem jeweiligen Offset von 5 pA untereinander versehen. Die graue Kurve 6 zeigt die Annäherungskurve die im Anschluss an Kurve 5 an derselben Stelle aufgezeichnet wurde.*

Strom-Abstands-Kurve gegeben, sodass der Abstand zwischen Pipettenspitze und Probenoberfläche verringert wurde, und eine nächste Strom-Abstands-Kurve wurde aufgezeichnet. Dieser Vorgang wurde solange wiederholt, bis die Pipettenspitze mit der Membran in Berührung kam.

In Abbildung 7.9 (a) sind die letzten fünf Strom-Abstands-Kurven (schwarz), die auf einer mit Membran überspannten Pore eines Substrats mit 800 nm durchmessenden Poren aufgezeichnet wurde, dargestellt. Die erste Kurve hat den Startpunkt bei der angegebenen z-Piezoausdehnung von 0 µm und ist mit der 1 gekennzeichnet. Der Sättigungsstrom bei dieser Messung betrug 1.87 nA und bei dieser ersten Strom-Abstands-Kurve weicht der Ionenstrom bei dem geringsten Abstand zwischen Pippetenspitze und Probe bei der z-Piezoausdehnung von 1 µm nur geringfügig vom Sättigungsstrom ab. Die nächste aufgezeichnete Strom-Abstands-Kurve wurde nach dem Offset von 100 nm bei der z-Piezoausdehnung aufgenommen (Kurve 2). Zur besseren Unterscheidung zur vorherigen Kurve wurde diese mit einem weiteren Offset von 5 pA im Ionenstrom versehen. Da durch den Offset bei der Piezoausdehnung auch der Spitzen-Proben-Abstand verringert wurde, ist am Ende der Strom-Abstands-Kurve ein etwas größerer Stromabfall zu beobachten als bei der Kurve 1. Nach einem weiteren 100 nm Offset bei der z-Piezoausdehnung (Kurve 3) ist bei der größten z-Piezoausdehnung bei 1.2 µm schon ein deutlicher Stromabfall zu erkennen. Die Kurve 4 zeigt deutlich den charakteristischen Abfall des Ionenstroms bei Annäherung der Pipettenspitze an eine Oberfläche. In Kurve 5, die ihren Startpunkt bei der z-Piezoausdehnung von 0.4 µm hat, ist zunächst das typische Strom-Abstands-Verhalten bis zu der z-Piezoausdehnung von 1.33 µm zu erkennen, bevor der Ionenstrom plötzlich wieder auf einen Stromwert, der nur minimal unterhalb des Sättigungsstroms liegt, ansteigt. An dieser Position ist die Spitze der Pipette mit der porenüberspannenden Membran in Berührung gekommen und die Membran ist sofort zerplatzt, sodass anschließend keine feste Oberfläche unterhalb der Öffnung der Pipette war und somit auch kein abstandsabhängiger Widerstand für den Ionenstrom vorhanden war. Der Ionenstrom war an diesem Kontaktpunkt auf etwa 1.80 nA abgefallen, was einen Gesamtabfall von 3.7 % entspricht. Im Anschluss wurde eine weitere Strom-Abstands-Kurve aufgenommen, die denselben Startpunkt hatte wie die vorherige. Diese Strom-Abstands-Kurve, die in grau als Kurve 6 im Graphen dargestellt ist, zeigt nicht mehr das typische Strom-Abstands-Verhalten einer Pipette, die nahe der Oberfläche ist, sondern es ist nur noch ein minimaler Abfall des Ionenstroms zu beobachten. Dass die Pipettenspitze beim Zerplatzen der Membran nicht beschädigt oder verstopft wurde ist daran zu erkennen, dass sich der Sättigungsstrom nicht geändert hat.

In Abbildung 7.9 (b) sind die letzten fünf Strom-Abstands-Kurven von der lokalen Manipulation einer Membran auf einem porösen Substrat mit 450 nm durchmessenden Poren gezeigt. Der Sättigungsstrom betrug 1.94 nA und ist damit ähnlich zu dem aus der in Abbildung 7.9 (a) vorgestellten Messung, sodass davon ausgegangen werden kann, dass die Pipetten der beiden Messungen ebenfalls ähnliche Geometrien besaßen. Kurve 1 und 2 zeigen einen geringen Einfluss des Spitzen-Proben-Abstands auf den gemessenen Ionenstrom. Kurve 3 zeigt schon einen gut erkennbaren Abfall und bei Kurve 4 ist der Ionenstrom schon sehr deutlich abgefallen. Bei Kurve 5 ist die Pipettenspitze wieder in Kontakt mit der Membran getreten und hat diese zum Zerplatzen gebracht, was daran zu erkennen ist, dass der Ionenstrom plötzlich angestiegen ist. Der Ionenstrom betrug am Kontaktpunkt 1.88 nA, was einem Abfall von 3.1 % entspricht. Nach dem Zerplatzen ist der Ionenstrom jedoch nicht wieder auf den Sättigungsstroms gesprungen, sondern auf einen niedrigeren Ionenstrom, der sich bei weiterer z-Piezoausdehnung weiter verringerte. Die anschließende Strom-Abstands-Kurve wurde ohne Offset in der z-Piezoausdehnung aufgenommen und zeigt, dass die Pipettenspitze nicht beschädigt wurde und sich auch keine Membran mehr unterhalb der Spitze befand (Kurve 6).

Anhand von Abbildung 7.9 kann auch das schwerwiegendste Problem, welches beim Abbilden der porösen Substrate auftritt, diskutiert werden. Wenn eine Membran über eine Pore gespannt ist, nimmt der Ionenstrom bei einer Strom-Abstands-Kurve über den Poren, wie in der Theorie in Abschnitt 2.4 beschrieben, ab und kann problemlos für die Abstandsregelung verwendet werden. Wenn nun aber keine Membran über die Poren gespannt ist, kann der Ionenstrom ungehindert durch die Pore in die Pipette fließen und der Ionenstrom nimmt nicht ab. Somit würde das nötige Regelsignal, welches zum Vergrößern des Spitzen-Poren-Abstands nötig ist, nie erreicht werden und die Pipette würde mit dem Substrat in Kontakt treten und beschädigt werden. Dass das Abbilden von offenen Poren trotzdem möglich ist liegt an einem Abdichtungseffekt, der auftritt, wenn die Pipette in eine Pore hinein fährt. So setzt sich der gemessene Ionenstrom aus dem Ionenstrom zusammen, der von der Rückseite des Substrats durch die Pore fließt und aus dem, der von der Seite, von der auch die Pipette in die Pore eindringt, zur Pipettenöffnung hin fließt. Dieser zweite Anteil des Ionenstroms wird jedoch verringert, wenn die Pipette in die Pore eindringt, da die Pipette bei immer tieferem Eindringen in die Pore diese aufgrund ihrer geometrischen Struktur mehr und mehr verschließt. Somit entsteht zwischen der Außenwand der Pipette und der Porenwand ein Widerstand, der zu einem Abfall des Gesamtionenstroms führt und das Nachregeln ermöglicht. Bei kleineren Poren hat dieser Abschnüreffekt eine größere Wirkung als bei großen Poren. So ist in den Strom-Abstands-Kurven, welche auf einer Pore mit 450 nm Durchmesser aufgenommen wurden (Abbildung 7.9 (b)), auch nach dem Zerplatzen der Membran innerhalb der Pore ein erkennbarer Abfall des Ionenstroms zu beobachten, wogegen für Poren mit 800 nm Durchmesser, nur noch ein sehr geringer Abfall beobachtet werden kann (Abbildung 7.9 (a)). Der zu beobachtende Stromabfall korreliert neben dem Porendurchmesser auch mit der geometrischen Form der Pipettenspitze. So können die Substrate mit den 800 nm durchmessenden Poren nicht mit vergleichsweise kleinen Spitzen abgebildet werden, da keine Veränderung des Ionenstroms vom Sättigungsstrom auftritt, wenn sich die Pipette in der Pore befindet. Zudem dürfen beim Abbilden eines Substrats, welches komplett mit porenüberspannenden Membranen bedeckt ist und keine offenen Poren mehr aufweist, nur Sollwerte zur Regelung eingestellt werden, bei denen der Strom nur leicht abfällt, da ansonsten die porenüberspannende Membranen während des Abbildens zum Zerplatzen gebracht würden und anschließend nicht mehr das nötige Regelsignal zum Zurückfahren der Pipette aus einer Pore gemessen werden würde.

Das Abbilden von porenüberspannenden Membranen ist somit nur möglich, wenn bei der Regelung ein geringer Stromabfall auftritt. Das Abbilden mit der Regelung auf sehr geringe Stromabfälle reduziert jedoch wiederum das laterale Auflösungsvermögen des Rasterionenleitfähigkeitsmikroskops und lässt die Poren gaußförmig erscheinen [Rhe09 b]. Die Stromabstandskurven in Abbildung 7.9 zeigen aber auch, dass die Membranen ohne Beschädigung der Pipettenspitze zum Zerplatzen gebracht werden können. Folglich kann eine Pipette auch nach der Manipulation einer Membran weiterhin zum Abbilden verwendet werden und erlaubt die Möglichkeit lithographische Strukturen in eine von Membranen überspannte Substratoberfläche zu schreiben.

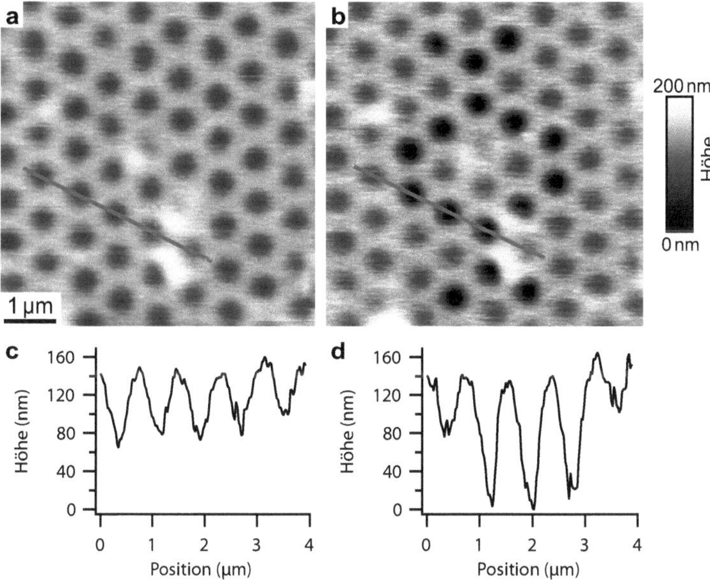

Abbildung 7.10: *Topographiebilder (a,b) von einem porösen Siliziumsubstrat mit 450 nm durchmessenden Poren abgebildet mit dem Rasterionenleitfähigkeitsmikroskop nach der Präparation der Lipidmembranen. Bild vor (a) und nach (b) dem Schreiben einer Φ-förmigen Struktur durch das gezielte Manipulieren von Membranen mit der Pipettenspitze. (c,d) Zugehörige Höhenprofile, entlang der dunkelgrauen Linien in (a) und (b).*

7.6 Membran-Lithographie

Um Strukturen in einem Substrat mit porenüberspannenden Membranen zu schreiben musste zuerst ein Ausschnitt der Oberfläche abgebildet werden, um die genau Position der Poren zu erfahren. Anschließend wurde die Pipettenspitze mit Hilfe des x-, y-, z-Scanners über einer mit Membran überspannten Pore positioniert und wie in Abschnitt 7.5 wurden Strom-Abstands-Kurven aufgenommen, bis die Membran über der ausgewählte Pore zerplatzte. Anschließend wurde dieser Vorgang bei mehreren weiteren Poren wiederholt. Auf diese Weise konnten beliebige Strukturen geschrieben werden.

Die Topographiebilder in Abbildung 7.10 (a) und (b) zeigen einen 6 µm × 6 µm großen Bereich eines mit Membranen präparierten porösen Siliziumsubstrats mit 450 nm durchmessenden Poren vor und nach der gezielten Manipulation einzelner Poren. Der Sättigungsstrom bei diesen Messungen betrug etwa 2.1 nA und bei dem verwendeten Elektrolyten handelte es sich um eine PBS-Lösung. Bei den Messungen wurden jeweils 256 × 256 Datenpunkte mit einer Linienrate von 0.3 Hz aufgezeichnet. Die Frequenz bei der vertikalen

Modulation betrug 600 Hz bei einer Modulationsamplitude von 200 nm. Zur besseren Unterscheidbarkeit wurden die dargestellten Höhen in beiden Bildern mit bis zu 200 nm gleich skaliert.

In Abbildung 7.10 (a) sind die regelmäßig hexagonal angeordneten Poren des Siliziumsubstrats zu erkennen. Die gemessenen Vertiefungen an den Positionen der Poren weisen in der Regel etwa gleich Höhenunterschiede zur Substratoberfläche auf. Zur genauen Bestimmung wurde an der Stelle der dunkelgrauen Linie ein Höhenprofil entnommen (Abbildung 7.10 (c)). In diesem sind fünf Vertiefungen zu erkennen, die Höhenunterschiede von etwa 60 nm bis 70 nm aufweisen. Die anschließend aufgenommenen Strom-Abstands-Kurven, bei den ein Zerplatzen von den porenüberspannenden Membranen wie in Abbildung 7.9 beobachtet wurden, zeigten eindeutig, dass die Poren jeweils mit einer Membran überspannt waren. Dass die Poren mit einer vergleichbaren Tiefe wie bei der Messung mit dem Rasterkraftmikroskop (Abbildung 7.4) abgebildet wurden, lässt zudem darauf schließen, dass die verwendete Pipette ein sehr gutes Auflösungsvermögen besaß [Rhe09 b].

Das Topographiebild in Abbildung 7.10 (b) zeigt denselben Bereich auf dem Substrat, nachdem gezielt verschiedene Poren angefahren und die porenüberspannenden Membranen zum Zerplatzen gebracht wurden. Neben den Poren, die mit Membranen überspannt waren, sind auch die aufgestochenen Poren mit größeren Vertiefungen zu erkennen, die die Form eines „Φ" bilden. Zur Verdeutlichung der nun vorliegenden zwei Niveaus an dargestellter Porentiefe wurde an derselben Stelle wie zuvor, die wiederum mit einer dunkelgrauen Linie im Topographiebild eingezeichnet ist, ein Höhenprofil entnommen (Abbildung 7.10 (d)). Die beiden äußeren Poren, die noch von einer Membran überspannt wurden, werden wieder mit einer Tiefe von etwa 60 nm dargestellt und die drei mittleren Poren bei der die Membranen zum Zerplatzen gebracht wurden, mit etwa 140 nm. Die Φ-förmige Struktur konnte anschließend über mehrer Stunden abgebildet werden, ohne das eine weitere von den porenüberspannenden Membranen zerplatzte.

7.7 Abbildungsmöglichkeit von Proteinen

Zum Abschluss dieser Arbeit wird die Abbildungsmöglichkeit von Proteinen in Membranen mithilfe des Rasterionenleitfähigkeitsmikroskops diskutiert. Diese Diskussion wird sich auf das Kanalprotein OmpF (*Outer membrane protein F*), dessen Struktur und Kanalaktivität für verschiedene Ionen bekannt ist [Cow92], beschränken. OmpF tritt in der Regel in sogenannten Trimeren auf, welches aus drei OmpF besteht. Jedes OmpF besitzt einen für Ionen durchlässigen Kanal. Die Leitwert eines einzelnen Kanals, welche durch Einzelkanalmessungen in 1 M KCl-Lösung ($\kappa \approx 0.1\,\Omega\text{m}$) bestimmt wurde, liegt bei $G_{\text{OmpF}} = 1690\,\text{pS}$ [Sch06 b].

Wenn sich ein OmpF unterhalb der Pipettenspitze befindet, wird sich der gemessene Strom aufgrund des zum abstandsabhängigen Widerstand R_z parallelen Widerstand des OmpF, R_{OmpF}, verringern (Abbildung 7.11). Für mehrere OmpF unterhalb der Pipettenspitze ergibt sich ein Gesamtwiderstand von:

$$R_{\text{ges}} = R_{\text{Pip}} + \frac{R_z \cdot R_{\text{OmpF}}}{3n \cdot R_z + R_{\text{OmpF}}} \;, \tag{7.9}$$

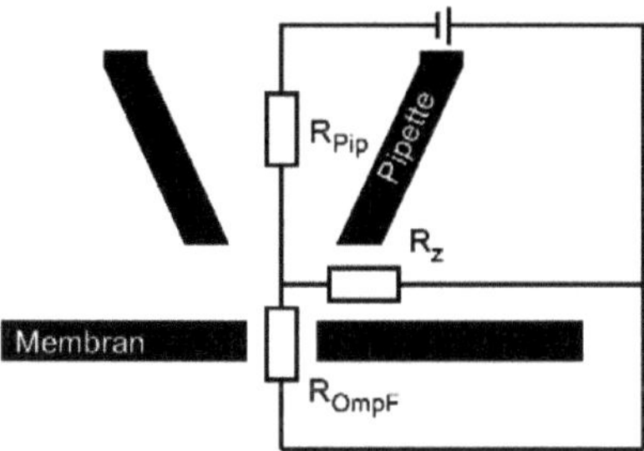

Abbildung 7.11: *Ersatzschaltbild für eine Pipette oberhalb einer Membran mit einem integrierten OmpF.*

wobei n der Anzahl an OmpF-Trimeren unterhalb der Pipettenspitze entspricht und $3n$ somit der Gesamtzahl an Ionenkanälen. Der Pipettenwiderstand, R_{Pip}, wird durch Gleichung 2.3 (Abschnitt 2.4) beschrieben. Da die Leitfähigkeit eines einzelnen OmpF bekannt ist, ergibt sich für $R_{\mathrm{OmpF}} = \frac{1}{G_{\mathrm{OmpF}}} = 0.592\,\mathrm{G\Omega}$. Der abstandsabhängige Widerstand R_z welcher ebenfalls in Gleichung 7.9 auftritt, lässt sich nach Rheinlaender berechnen [Rhe07]:

$$R_z = \frac{1}{2\pi\kappa \cdot z} \ln \frac{r_a}{r_i} \ . \tag{7.10}$$

Im Folgenden werden Berechnungen des Ionenstroms ($I = U/R_{\mathrm{ges}}$) für eine Pipette mit einem vergleichsweise kleinen Innenradius an der Öffnung der Pipettenspitze mit $r_i = 25\,\mathrm{nm}$ durchgeführt. Die weiteren notwendigen Parameter zur Berechnung des Strom-Abstands-Verhaltens sind: $r_P = 0.29\,\mathrm{mm}$, $L_P = 5\,\mathrm{mm}$ und $r_a = \frac{1}{0.58} r_i$ (siehe Abschnitt 2.4).

In Abbildung 7.12 ist der relative Ionenstrom für verschiedene n gegen den Spitzen-Proben-Abstand dargestellt. Da der Ionenstrom proportional zur angelegten Spannung ist und der relative Ionenstrom aufgetragen ist, musste kein Wert für U vorgegeben werden. Die schwarze Kurve entspricht einer Strom-Abstands-Kurve, bei der kein Protein in der Membran vorhanden ist. Bei der blauen Kurve wurde angenommen, dass sich 10 OmpF-Trimere unterhalb der Pipettenspitze befinden und bei der roten Kurve 50. Dargestellt sind Spitzen-Proben-Abstände von 0 nm bis 50 nm und bei allen Kurven ist der Sättigungsstrom (grau gestrichelte Linie) bei einem Spitzen-Proben-Abstand von 50 nm nicht erreicht. Des Weiteren ist zu sehen, dass die Kurven bei Spitzen-Proben-Abständen von mehr als 20 nm kaum voneinander zu unterscheiden und erst bei kleineren Spitzen-Proben-Abständen als 20 nm einzeln erkennbar sind. Bei der blauen und der schwarzen Kurve unterscheiden sich die Spitzen-Proben-Abstände, bei denen ein gleicher relativer Ionenstrom vorhanden ist immer um weniger als 1 nm. Die rote Kurve unterscheidet sich maximal um etwa 2 nm von der schwarzen Kurve. Dies bedeutet, dass, wenn die Pipette über eine Membran ohne OmpF und eine Membran mit 50 OmpF-Trimeren scannt, sich die dargestellte Tiefe um etwa 2 nm unterscheiden würde.

Im Experiment ist jedoch nur eine vertikale Auflösung von wenigen Nanometern zu er-

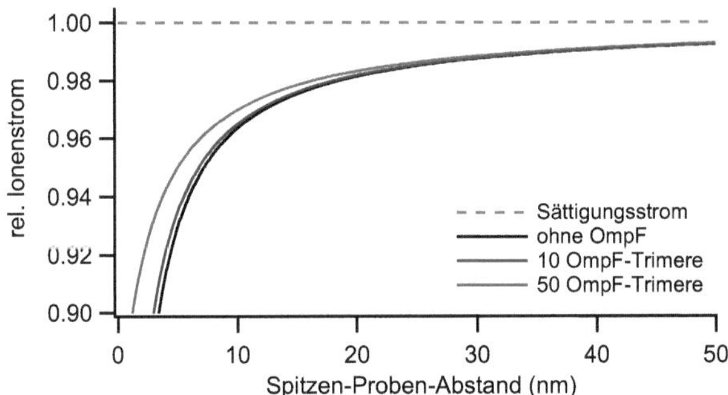

Abbildung 7.12: *Relativer Ionenstrom gegen den Spitzen-Proben-Abstand angenommen dafür, dass sich kein OmpF (schwarz), 10 OmpF-Trimere (blau) und 50 OmpF-Trimere (rot) unterhalb der Pipettenspitze befinden. Angenommene Pipettenparameter:* $r_i = 25\,nm$, $r_P = 0.29\,mm$, $L_P = 5\,mm$ *und* $r_a = \frac{1}{0.58} r_i$.

reichen, sodass diese Tiefenänderung nicht wahrgenommen werden kann. Zudem müssen die porenüberspannenden Membranen mit vergleichsweise geringerem Sollwert bei der Abstandsregelung (Ionenstromabfall $< 1\,\%$) abgebildet werden, ohne diese zum Zerplatzen zu bringen. Dies führt dazu, dass selbst wenn 50 OmpF-Trimere sich unterhalb der Pipettenspitze befinden, keine Änderung in der gemessenen Topographie auftaucht.

Die Frage, ob Änderungen in der Topographie gemessen werden könnten, wenn sich noch mehr OmpF-Trimere unterhalb der Pipettenspitze befinden würden, stellt sich aus folgendem Grund nicht: Die laterale Ausdehnung eines Trimers innerhalb einer Membran hat eine annähernd elliptische Form mit Achsenlängen von $a = 11\,\text{nm}$ und $b = 7\,\text{nm}$ [Cow92]. Somit beträgt die Fläche eines Trimers $A_{\text{Trimer}} = \frac{\pi}{4} a \cdot b \approx 60\,\text{nm}^2$. Für 50 Trimere ergibt sich somit eine Fläche von $50 \cdot A_{\text{Trimer}} = 3000\,\text{nm}^2$. Der Innenradius der Pipettenöffnung wurde zu $r_{\text{i}} = 25\,\text{nm}$ angenommen, sodass sich eine Fläche direkt unterhalb der Pipettenöffnung von $A_{\text{Pip}} = \pi \cdot r^2 \approx 2000\,\text{nm}^2$ befindet. Somit benötigen 50 OmpF-Trimere mehr Fläche in der Membran, als sich direkt unterhalb der Pipettenöffnung befindet.

Experimentelle Messungen, bei denen zunächst die porenüberspannende Membranen abgebildet wurden und anschließend eine Lösung mit OmpF dem Elektrolyten zugegeben wurde, zeigten ebenfalls, dass sich die gemessene Tiefe der überspannten Poren durch die Zugabe des OmpF nicht änderte.

7.8 Ausblick

Das Rasterionenleitfähigkeitsmikroskop hat sich als geeignetes Werkzeug zum Abbilden von porenüberspannenden Membranen erwiesen. Durch seinen kontaktfreien Abbildungscharakter hat es einen großen Vorteil gegenüber dem Rasterkraftmikroskop und ermöglicht problemlos Langzeitmessungen von den Membranen. Jedoch zeigt die Abschätzung der Abbildungsmöglichkeit von Proteinen aus dem vorherigen Abschnitt, dass das reine Rasterionenleitfähigkeitsmikroskop nicht geeignet ist, um einzelne oder auch mehrere Proteine in einer Membran während eines Scans aufzulösen.

Die Kombination mit einer Scherkraftabstandskontrolle war ebenfalls nicht geeignet, um die Membranen abzubilden, da die mechanische Wechselwirkung zwischen der schwingenden Pipettenspitze und der Oberfläche die Membranen zum Zerplatzen gebracht haben. Mit dem in dieser Arbeit verwendeten Aufbau war es deshalb nicht möglich eine porenüberspannende Membran abzubilden. Durch eine Verbesserung der Detektion der Pipettenschwingung wäre es möglich, mit geringeren Scherkräften zu scannen, sodass eventuell auch ein Abbilden der porenüberspannenden Membranen möglich wird. Da die Proteine aber eine sehr geringe Leitfähigkeit haben, ist zu vermuten, dass auch beim parallelen Aufzeichnen des Ionenstroms keine messbaren Unterschiede im Ionenstrom zu beobachten sind, wenn die Pipette über eine mit Proteinen versetzte Membran scannt.

Eine Möglichkeit, Proteine doch topographisch lokal aufzulösen, könnte mit Pipetten aus Quarzglas realisiert werden, welche mit Öffnungsdurchmessern von etwa 10 nm hergestellt werden können [She06]. Das Problem bei Verwendung solcher Pipetten liegt jedoch darin, dass der Ionenstrom in einem Bereich der Spitzen-Proben-Abständen von nur wenigen Nanometern abfällt. Somit würde auch eine Berührung und damit ein Zerplatzen einer Membran während des Abbildens sehr wahrscheinlich werden. Zudem ist es mit Pipetten mit Öffnungsdurchmessern von 10 nm nicht möglich, die verwendeten porösen Substrate abzubilden, wenn die Poren nicht mit einer Membran überspannt sind (siehe Abschnitt 7.5).

Eine vielversprechende Möglichkeit der Untersuchung von einzelnen Proteinen könnte durch eine Kombination mit der Patch-Clamp-Technik [Gor02 a] erzielt werden. So könnte das Rasterionenleitfähigkeitsmikroskop benutzt werden, um einzelne membranüberspannte Poren zu lokalisieren. Anschließend könnten eine Membran durch einen angelegten Unterdruck in der Pipette an die Pipettenspitze gesogen werden. Wenn die Membran sich direkt an der Pipettenspitze befindet, wird der Ionenstrom nur noch durch den Pipettenwiderstand und den Widerständen der Proteine bestimmt und eine Untersuchung von einzelnen Proteinen wäre möglich. Anschließend könnte die Membran durch einen angelegten Überdruck in der Pipette abgestoßen werden und eine nächste Pore kann von der Pipettenspitze angefahren werden. Auf diese Weise wäre es möglich, schnell verschiedene einzelne Proteine zu untersuchen. Bisher werden Untersuchungen an einzelnen Proteinkanälen wie folgt durchgeführt [Sch06 b]: Das poröses Substrat wird zwischen zwei mit einem Elektrolyten gefüllten Messkammern gebracht und die Membran wird aufgebracht, sodass alle Poren verschlossen werden. Anschließend werden Proteine in sehr geringen Konzentrationen einer Messkammer hinzugefügt und es wird gewartet, bis sich ein einzelnes Protein in der Membran einlagert, um dann Einzelkanalmessungen durchzuführen. Mit einer Kombination der Rasterionenleitfähigkeitsmikroskops und der Patch-Clamp-Technik, wäre es dagegen möglich, dass direkt nacheinander Untersuchungen von verschiedenen Membranen, und damit auch verschiedenen Proteinen, durchgeführt werden könnten. Um dieses zu realisieren, müsste im Aufbau noch eine Vorrichtung eingebaut werden, die das Anlegen eines Drucks innerhalb der Pipette ermöglicht. Eventuell wäre es zusätzlich noch nötig, die Spitze der Pipetten zu funktionalisieren, damit die Membranen auch an der Pipettenspitze haften.

8 Zusammenfassung

In der Biologie spielen Zellmembrane eine wesentliche Rolle bei der Signalweitergabe und im Metabolismus. Zur Untersuchung von Membransystemen und den elektrischen Eigenschaften von Proteinen haben sich Porenanordnungen in soliden Substraten als äußerst hilfreich erwiesen. Es wurde bereits gezeigt, dass porenüberspannende Membranen mit dem Rasterkraftmikroskop abgebildet werden können. Jedoch wird in allen veröffentlichten Arbeiten, bei denen das Rasterkraftmikroskop verwendet wurde, davon berichtet, dass aufgrund der mechanischen Wechselwirkung zwischen der Spitze des Rasterkraftmikroskops und der Membran ein Abbilden, ohne die porenüberspannenden Membranen zum Zerplatzen zu bringen, schwierig ist.

Aufgrund seines kontaktfreien Abbildungscharakter bietet sich an dieser Stelle das Rasterionenleitfähigkeitsmikroskop an. Das Prinzip, bei dem ein Ionenstrom durch eine mit einem Elektrolyten gefüllte Pipette gemessen wird, eignet sich insbesondere, um biologische Proben in physiologischen Lösungen abzubilden. Das Abstandsverhalten des Ionenstroms erlaubt dabei ein Abbilden von Oberflächen ohne mechanische Wechselwirkungen zwischen Pipettenspitze und Probe. Im Rahmen dieser Arbeit wurde ein neues Rasterionenleitfähigkeitsmikroskop aufgebaut, welches speziell für das kontaktfreie Abbilden von freistehenden Lipidmembranen optimiert wurde.

Von besonderem Interesse ist auch die zetliche Dynamik der Untersuchten Membransysteme. Daher wurde der Aufbau wurde so konzipiert, dass bei Verwendung eines Abbildungsmodus, bei dem der Abstand zwischen Probe und Pipettenspitze moduliert wird, ein schnelles Abbilden von Oberflächen bei gleichzeitig hoher Auflösung möglich ist. Hierfür wurde neben einem x-, y-, z-Scanner ein weiterer Piezo für Bewegungen in der vertikalen Richtung in den Aufbau integriert. Dieser zusätzliche Modulationspiezo erlaubte es, Modulationsfrequenzen von bis zu 1 kHz bei Modulationsamplituden von bis zu 300 nm anzuregen und gleichzeitig mit Linienraten von bis zu mehreren Hertz Probenoberflächen abzubilden.

Zu Anfang dieser Arbeit wurden charakteristische Strom-Abstands-Kurven aufgenommen und mit theoretischen Modellen von Nitz *et al.* und Rheinlaender *et al.* verglichen. Die experimentellen Ergebnisse zeigten, dass die Theorie von Rheinlaender *et al.* die Abhängigkeit des Ionenstroms vom Abstand zwischen Pipettenspitze und Probenoberfläche akkurat beschreibt. Mithilfe dieses theoretischen Modells lässt sich der Radius der Öffnung an der Pipettenspitze bestimmen, welcher ein Maß für die Auflösung der Pipette ist. Anhand von Topographiebildern wurde zudem gezeigt, dass mit den verwendeten Nanopipetten aus Borosilikatglas, welche Öffnungsradien von weniger als 50 nm besitzen, eine vertikale Auflösung von etwa 4 nm erreicht werden kann. Kleine Objekte mit einer lateralen Ausdehnung von weniger als 50 nm können abgebildet werden, wobei die Objekte gaußförmig dargestellt werden.

Zur Vorbereitung zu den Messungen der porenüberspannenden Membranen wurden mit Epithelzellen (MDCK-II Zellen) und Gliazellen (Ratten-Schwann-Zellen) zwei unterschiedliche Zelltypen untersucht. Zum einen wurde demonstriert, dass das Mikroskop aufgrund des kontaktfreien Abbildungscharakters zum Abbilden von Zellen geeignet ist und zum anderen konnten einige biologische Fragestellungen diskutiert werden. Beispielsweise konnte gezeigt werden, dass bei einem Zellverband von MDCK-II Zellen an den Stellen der Zell-Zell-Kontakte (Tight Junctions) topographische Erhöhungen vorhanden sind. Zudem konnten Mikrovilli an der Oberfläche der Zellen aufgelöst werden. Beim Absterben der Zellen bildeten sich zuerst die Zell-Zell-Kontake zurück. Die Messungen an den Ratten-Schwann-Zellen lieferten Informationen über die vertikalen und lateralen Ausdehnungen der Zellen einschließlich von den den Fortsätzen der Zellen.

Während der Messungen zeigte sich, dass zum Gewährleisten eines kontaktfreien Abbildens bei schnellen Scanraten Modifikationen notwendig waren. Es stellte sich heraus, dass bei Verwendung der logarithmierten Amplitude anstatt der „normalen Amplitude" für die Abstandsregelung ein schnelleres Abbilden von Oberflächen möglich ist. Mit dem Relativen-Trigger-Modus wurde ein weiterer Modus implementiert und erprobt, welcher das hochaufgelöste Abbilden von Objekten mit abrupten Höhenunterschieden von mehreren hundert Nanometern erlaubt. Eine Vergleichsmessung zwischen dem konventionellen Abbildungsmodus, bei dem der Abstand zwischen Pipettenspitze und Probenoberfläche moduliert wird, und dem Relativen-Trigger-Modus an Kollagenfasern zeigte, dass die Kollagenfasern mit dem Relativen-Trigger-Modus detaillierter abgebildet wurden.

Mit der Zielsetzung, Ionenkanäle in Membranen unabhängig von der Topographie zu untersuchen, wurde ein kombiniertes Rasterionenleitfähigkeitsmikroskop mit Scherkraftabstandskontrolle entworfen. Hierfür wurde ein neues optisches Detektionsverfahren, basierend auf einem Periskopdesign, zur Bestimmung der Schwingungsamplitude der lateral schwingenden Pipette entwickelt und in den bestehenden Aufbau integriert. Durch das Periskopdesign ist es möglich, einen kollimierten Laserstrahl zunächst durch Luft in die Nähe der Pipette zu leiten und anschließend innerhalb des Elektrolyten auf die Pipette zu fokussieren. Zusätzlich kann die Linse zur Fokussierung nahe an der Pipette platziert werden. Der reflektierte Strahl, welcher mit der Schwingung der Pipette moduliert ist, kann ebenfalls nahe an der Pipette detektiert werden. Aufgrund des Persikopdesigns ist es möglich Messungen in großen Elektrolytreservoirs durchzuführen, sodass Verdunstungsprozesse die Messungen nicht beeinträchtigen und somit auch Langzeitmessungen möglich sind.

Die ersten Messungen mit dem kombinierten Mikroskop wurden noch mit einer Abstandsregelung ohne Modulation des Spitzen-Proben-Abstands durchgeführt. Hiermit war es zwar möglich, den Ionenstrom unabhängig von der Topographie auf porösen Polycarbonatmembranen und lebenden Zellen zu messen, jedoch zeigten die Messungen auch, dass ungewollte mechanische Wechselwirkungen zwischen Pipettenspitze und Probenoberfläche während des Abbildens auftraten. Aus diesem Grund wurde erstmals eine Abstandsregelung in das kombinierte Rasterionenleitfähigkeitsmikroskop mit Scherkraftabstandskontrolle implementiert, bei der der Spitzen-Proben-Abstand beim Abbilden moduliert wurde. Vergleichsmessungen mit und ohne Modulation des Spitzen-Proben-Abstands zeigten, dass beim Abbilden mit der Modulierung des Spitzen-Proben-Abstands topographische Objekte detaillierter dargestellt wurden.

Das Verhalten des Ionenstroms bei verschiedenen Spitzen-Proben-Abständen konnte unter Verwendung eines neuen dreidimensionalen Messverfahrens untersucht werden. Bei diesem Messverfahren wird die Spitze senkrecht zur Probe angenähert, bis die Schwingungsamplitude aufgrund von Scherkräften bis zu einem voreingestellten Triggerpunkt abgefallen ist. Anschließend wird der Spitzen-Proben-Abstand wieder um eine fest eingestellte Distanz vergrößert. Durch Wiederholung an verschiedenen Positionen auf der Probe wird zum einen die Topographie der Oberfläche ermittelt. Zum anderen wird der Ionenstrom parallel aufgezeichnet und da der Ionenstrom schon bei größeren Spitzen-Proben-Abständen als die Schwingungsamplitude abnimmt, können lokale Leitfähigkeitsunterschiede beobachtet werden.

Ein Vergleich der Regelung mit Scherkraftabstandskontrolle und der Abstandsregelung über den Ionenstrom, jeweils aufgenommen mit Modulation des Spitzen-Proben-Abstands, machten die Vor- und Nachteile des kombinierten Mikroskops deutlich. Die Ergebnisse zeigten, dass mit der Scherkraftabstandskontrolle topographische Objekte abgebildet und Ionenstromänderungen detailliert gemessen werden können. Bei der Untersuchung der gleichen Probe mit der Abstandsregelung über den Ionenstrom wurden die topographischen Strukturen viel detaillierter und mit größeren Höhen dargestellt. Somit ist davon auszugehen, dass die Scherkräfte zu einer Deformation der Probe geführt haben. Ein Abbilden von porenüberspannenden Membranen war aufgrund der Scherkräfte, die zur Abstandsregelung nötig sind, trotz der neuen Modifikationen nicht möglich.

Zur Untersuchung von freistehenden künstlichen Lipidmembranen wurden funktionalisierte poröse Siliziumsubstrate verwendet. Bei der Präparation bilden sich Membranen, welche die Poren überspannen. In der vorliegenden Arbeit wurde ein neues Modell vorgestellt, welches die Morphologie der porenüberspannenden Membranen beschreibt. Messungen mit dem Rasterkraftmikroskop unterstützen dieses Modell, jedoch stellte sich heraus, dass die Membranen schon bei vergleichsweise kleiner Kraftausübung während des Scannens zum Zerplatzen gebracht wurden.

Die Messungen auf den porenüberspannenden Membranen mit dem Rasterionenleitfähigkeitsmikroskop zeigten, dass die Membranen problemlos abgebildet werden konnten, ohne zum Zerplatzen gebracht zu werden. Die Darstellung der Membranen hing dabei stark von der verwendeten Pipette und dem eingestellten Scanabstand ab. Die gezeigten Messungen unterstützen jedoch jeweils das in dem theoretischen Modell beschriebene Verhalten der Membranen beim Überspannen der Poren. Es konnten verschiedene Verhaltensweisen der Membranen untersucht werden. Aufgrund der hohen zeitlichen Auflösung des Mikroskops wurden sowohl Bildungsprozesse von den porenüberspannenden Membranen, als auch Prozesse, bei denen Membranen mit der Zeit nach und nach von selber zerplatzten, beobachtet. Des Weiteren wurde gezeigt, dass die Membranen durch Zugabe von Detergenzen zum Zerplatzen gebracht werden können. Durch Strom-Abstands-Kurven wurden die Membranen gezielt mit der Pipettenspitze zum Zerplatzen gebracht, ohne die Pipette zu beschädigen. Diese Möglichkeit der gezielten Manipulation wurde ausgenutzt um lithographische Muster zu schreiben.

Zwar konnte mit dem entwickelten Aufbau keine Untersuchung von in porenüberspannenden Membranen eingebrachten Proteinen durchgeführt werden, jedoch könnten die gemachten Erfahrungen für zukünftige Projekte hilfreich sein. Eine erfolgreiche Kombination des Rasterionenleitfähigkeitsmikroskops mit der Patch-Clamp-Technik würde es ermöglichen, gezielt einzelne Poren mit der Pipettenspitze anzufahren. Anschließend könnten mit der Patch-Clamp-Technik Einzelkanalmessungen von in den Membranen eingebrachten Proteinen durchgeführt werden.

Literaturverzeichnis

[Ade05] O. A. Adenle und W. J. Fitzgerald; *Simulating Imaging with the Scanning Ion-Conductance Microscope*, Conf. Proc. IEEE Eng. Med. Biol. Soc. **4**, 3410-3413 (2005)

[Bas94] D. R. Baselt und J. D. Baldeschwieler; *Imaging spectroscopy with the atomic force microscope* J. Appl. Phys. **76**, 33-38 (1994)

[Bet92] E. Betzig, P. L. Finn und J. S. Weiner; *Combined shear force and near-field scanning optical microscopy*, Appl. Phys. Lett. **60**, 2484-2486 (1992)

[Bie94] H. Bielefeld, I. Hörsch, G. Krausch, M. Lux-Steiner, J. Mlynek und O. Marti; *Reflection-scanning near-field optical microscopy and spectroscopy of opaque samples*, Appl. Phys. A **59**, 103-108 (1994)

[Bin82] G. Binnig, H. Rohrer, Ch. Gerber und E. Weibel; *Surface Studies by Scannning Tunneling Microscopy*, Phys. Rev. Lett. **49**, 57-61 (1982)

[Bin86] G. Binnig, C. Quate und Ch. Gerber; *Atomic Force Microscope*, Phys. Rev. Lett. **56**, 930-933 (1986)

[Boa02] D. Boal; *Mechanics of the Cell*, Cambridge University Press, Cambridge, Kapitel 5 (2002)

[Boz07] L. Bozec, G. van der Heijden und M. Horton; *Collagen Fibrils: Nanoscale Ropes*, Biophys. J. **92**, 70-75 (2007)

[Böc07] M. Böcker, B. Anczykowski, J. Wegener und T. E. Schäffer; *Scanning ion conductance microscopy with distance-modulated shear force control*, Nanotechnology **18**, 145505 (2007)

[Böc09] M. Böcker, S. Muschter, E. K. Schmitt, C. Steinem und T. E. Schäffer; *Imaging and Patterning of Pore-Suspending Membranes with Scanning Ion Conductance Microscopy*, Langmuir **25**, 3022-3028 (2009)

[Bra98] F. Braet, C. Rotsch, E. Wisse und M. Radmacher; *Comparison of fixed and living liver endothelial cells by atomic forcemicroscopy*, Appl. Phys. A **66**, S575-S578 (1998)

[Bro86] K. T. Brown und D. G. Flaming; *Advanced micropipette techniques for cell physiology*, John Wiley & Sons, New York (1986)

[Bru02] A. Bruckbauer, L. Ying, A. M. Rothery, Y. E. Korchev, und D. Klenerman; *Characterization of a Novel Light Source for Simultaneous Optical and Scanning Ion Conductance Microscopy*, Anal. Chem. **74**, 2612-2616 (2002)

[Bru97] R. Brunner, O. Hering, O. Marti und O. Hollricher; *Piezoelectrical shear-force control on soft biological samples in aqueous solution*, Appl. Phys. Lett. **71**, 3628-3630 (1997)

[Bru00] R. Brunner, A. Simon, T. Stifter und O. Marti; *Modulated shear-force distance control in near-field scanning optical microscopy*, Rev. Sci. Instrum. **71**, 1466-1471 (2000)

[Bry86] A. Bryant, D. P. E. Smith und C. F. Quate; *Imaging in real time with the tunneling microscope*, Appl. Phys. Lett. **48**, 832-834 (1986)

[Che07] C. J. Chen; *Introduction to Scanning Tunneling Microscopy*, Oxford University Press, Oxford (2007)

[Cow92] S. W. Cowan, T. Schirmer, G. Rummel, M. Steiert, R. Ghosh, R. A. Pauptit, J. N. Jansonius und J. P. Rosenbusch; *Crystal structures explain functional properties of two E. coli porins*, Nature **358** 727-733 (1992)

[Dra89] B. Drake, C. B. Prater, A. L. Weisenhorn, S. A. Gould, T. R. Albrecht, C. F. Quate, D. S. Cannell, H. G. Hansma und P. K. Hansma; *Imaging crystals, polymers, and processes in water with the atomic force microscope*, Science **243**, 1586-1589 (1989)

[Erb95] M. Erben, S. Decker, H. Franke und H.-J. Galla; *Electrical resistance measurements on cerebral capillary endothelial cells - a new technique to study small surface areas*, J. Biochem. Biophys. Methods **30**, 227-238 (1995)

[Fer00] N. Fertig, A. Tilke, R. H. Blick, J. P. Kotthaus, J. C. Behrends und G. ten Bruggencate; *Stable integration of isolated cell membrane patches in a nanomachined aperture*, Appl. Phys. Lett. **77**, 1218-1220 (2000)

[Fer02] N. Fertig, R. H. Blick, und J. C. Behrends; *Whole Cell Patch Clamp Recording Performed on a Planar Glass Chip*, Biophys. J. **82**, 3056-3062 (2002)

[Flo93] E. L. Florin und H. E. Gaub; *Painted supported lipid membranes*, Biophys. J. **64**, 375-383 (1993)

[Git97] A. H. Gitter, M. Bertog, J.-D. Schulzke und M. Fromm; *Measurement of paracellular epithelial conductivity by conductance scanning*, Eur. J. Physiol. **434**, 830-840 (1997)

[Gon06] R. P. Gonçalves, G. Agnus, P. Sens, Ch. Houssin, B. Bartenlian und S. Scheuring; *Two-chamber AFM: probing membrane proteins separating two aqueous compartments*, Biochemistry **3**, 1007-1012 (2006)

[Gor02 a] J. Gorelik, Y. Gu, H. A. Spohr, A. I. Shevchuk, M. J. Lab, S. E. Harding, C. R. Edwards, M. Whitaker, G. W. Moss, D. C. Benton, D. Sanchez, A. Darszon, I. Vodyanoy, D. Klenerman und Y. E. Korchev; *Ion channels in small cells and subcellular structures can be studied with a smart patch-clamp system*, Biophys. J. **83**, 3296-3303 (2002)

[Gor02 b] J. Gorelik, A. Shevchuk,M. Ramalho, M. Elliott, C. Lei, C. F. Higgins, M. J. Lab, D. Klenerman, N. Krauzewicz und Y. E. Korchev; *Scanning surface confocal microscopy for simultaneous topographical and fluorescence imaging: application to single virus-like particle entry into a cell*, Proc. Natl. Acad. Sci. U.S.A. **99**, 16018-16023 (2002)

[Gor02 c] J. Gorelik, A. Zhang, A. Shevchuk, G. I. Frolenkov, D. Sanchez, M. J. Lab, I. Vodyanoy, E. C. R. W, D. Klenerman und Y. E. Korchev; *The use of scanning ion conductance microscopy to image A6 cells*, Mol. Cell. Endocrinol. **217**, 101-108 (2002)

[Gor03] J. Gorelik, A. I. Shevchuk, G. I. Frolenkov, I. A. Diakonov, M. J. Lab, C. J. Kros, G. P. Richardson, I. Vodyanoy, C. R. Edwards, D. Klenerman und Y. E. Korchev; *Dynamic assembly of surface structures in living cells*, Proc. Natl. Acad. Sci. U.S.A. **100**, 5819-5822 (2003)

[Hal75] J. E. Hall; *Access Resistance of a Small Circular Pore*, J. Gen. Physiol. **66**, 531-532 (1975)

[Han07] X. Han, A. Studer, H. Sehr, I. Geissbühler, M. Di Berardino, F. K. Winkler 1 und L. X. Tiefenauer; *Nanopore Arrays for Stable and Functional Free-standing Lipid Bilayers*, Adv. Mater. **19**, 4466-4470 (2007)

[Han89] P. K. Hansma, B. Drake, O. Marti, S. A. C. Gould und C. B. Prater; *The Scanning Ion-Conductance Microscope*, Science **243**, 641-643 (1989)

[Han94 a] P. K. Hansma und J. H. Hoh; *Biomolecular imaging with the atomic force microscope*, Annu. Rev. Biophys. Biomol. Struct. **23**, 115-139 (1994)

[Han94 b] P. K. Hansma, J. P. Cleveland, M. Radmacher, D. A. Walters, P. E. Hillner, M. Bezanilla, M. Fritz, D. Vie, H. G. Hansma, C. B. Prater, J. Massie, L. Fukunaga, J. Gurley und V. Elings; *Tapping mode atomic force microscopy in liquids*, Appl. Phys. Lett. **64**, 1738-1740 (1994)

[Han96] H. G. Hansma und D. E. Laney; *DNA binding to mica correlates with cationic radius: assay by atomic force microscopy*, Biophys. J. **70**, 1933-1939 (1996)

[Hap03] P. Happel, G. Hoffmann, S. A. Mann und I. D. Dietzel; *Monitoring cell movements and volume changes with pulse-mode scanning ion conductance microscopy*, J. Microsc. **212**, 144-151 (2003)

[Hen00] C. Hennesthal und C. Steinem; *Pore-spanning lipid bilayers visualized by scanning force microscopy*, J. Am. Chem. Soc. **122**, 8085-8086 (2000)

[Hen02] C. Hennesthal, J. Drexler und C. Steinem; *Membrane-suspended nanocompartments based on ordered pores in alumina*, ChemPhysChem **3**, 885-889 (2002)

[Her07] A. Heredia, C. C. Bui, U. Suter, P. Young und T. E. Schäffer; *AFM combines functional and morphological analysis of peripheral myelinated and demyelinated nerve fibers*, NeuroImage **37**, 1218-1226 (2007)

[Hoh93] J. H. Hoh, G. E. Sosinsky, J. P. Revel und P. K. Hansma; *Structure of the extracellular surface of the gap junction by atomic force microscopy*, Biophys. J. **65**, 149-163 (1993)

[Hor07] I. Horcas, R. Fernández, J. M. Gómez-Rodríguez, J. Colchero, J. Gómez-Herrero und A. M. Baro; *WSXM: A software for scanning probe microscopy and a tool for nanotechnology*, Rev. Sci. Instrum. **78**, 013705 (2007)

[Hui95] S. W. Hui, R. Viswanathan, J. A. Zasadzinski und J. N. Israelachvili; *The structure and stability of phospholipid bilayers by atomic force microscopy*, Biophys. J. **68**, 171-178 (1995)

[Jäh96] F. Jähnig; *What is the Surface Tension of Lipid Bilayer membrane?*, Biophys. J. **71**, 1348-1349 (1996)

[Jan01] A. Janshoff, M. Ross, V. Gerke und C. Steinem; *Visualization of annexin I binding to calcium-induced phosphatidylserine domains*, ChemBioChem **2**, 587-590 (2001)

[Jia04] Y. Jiao und T. E. Schäffer; *Accurate Height and Volume Measurements on Soft Samples with the Atomic Force Microscope*, Langmuir **20**, 10038-10045 (2004)

[Kar95] K. Karrai und R. D. Grober; *Piezoelectric Tip-Sample Distance Control for near-Field Optical Microscopes*, Appl. Phys. Lett. **68**, 1842-1844 (1995)

[Koo03] M. Koopman, B. I. de Bakker, M. F. Garcia-Parajo und N. F. van Hulst; *Shear force imaging of soft samples in liquid using a diving bell concept*, Appl. Phys. Lett. **83**, 5083-5085 (2003)

[Kor97 a] Y. E. Korchev, C. L. Bashford, M. Milovanovic, I. Vodyanoy und M. J. Lab; *Scanning Ion Conductance Microscopy of Living Cells*, Biophys. J. **73**, 653-658 (1997)

[Kor97 b] Y. E. Korchev, M. Milovanovic, C. L. Bashford, D. C. Bennett, E. V. Sviderskaya, I. Vodyanoy und M. J. Lab; *Specialized scanning ion-conductance microscope for imaging of living cells*, J. Microsc. **188**, 17-23 (1997)

[Kor00 a] Y. E. Korchev, J. Gorelik, M. J. Lab, E. V. Sviderskaya, C. L. Johnston, C. R. Coombes, I. Vodyanoy und C. R. Edwards; *Cell volume measurement using scanning ion conductance microscopy*, Biophys. J. **78**, 451-457 (2000)

[Kor00 b] Y. E. Korchev, M. Raval, M. J. Lab, J. Gorelik, C. R. Edwards, T. Rayment und D. Klenerman; *Hybrid scanning ion conductance and scanning near-field optical microscopy for the study of living cells*, Biophys. J. **78**, 2675-2679 (2000)

[Kor00 c] Y. E. Korchev, Y. A. Negulyaev, C. R. W. Edwards, I. Vodyanoy und M. J. Lab; *Functional localization of single active ion channels on the surface of a living cell*, Nat. Cell. Biol. **2**, 616-619 (2000)

[Kor94] J. Korst und V. Pronk; *Compact disc standards: an introductory overview*, Multimedia Systems **2**, 157-171 (1994)

[Lap02] D. A. Lapshin, V. S. Letokhov, G. T. Shubeita, S. K. Sekatskii und G. Dietler; *Direct measurement of the absolute value of the interaction force between the fiber probe and the sample in a scanning near-field optical microscope*, Appl. Phys. Lett. **81**, 227-233 (2002)

[Lap04] D. A. Lapshin, V. S. Letokhov, G. T. Shubeita, S. K. Sekatskii und G. Dietler; *Shear force distance control in a scanning near-field optical microscope: in resonance excitation of the fiber probe versus out of resonance excitation*, Ultramicroscopy **99**, 227-233 (2004)

[Lew03] A. Lewis, H. Taha, A. Strinkovski, A. Manevitch, A. Khatchatouriants, R. Dekhter und E. Ammann; *Near-field optics: from subwavelength illumination to nanometric shadowing*, Nat. Biotechnol. **21**, 1377-1386 (2003)

[Lor09] B. Lorenz, I. Mey, S. Steltenkamp, T. Fine, C. Rommel, M. M. Müller, A. Maiwald, J. Wegener, C. Steinem und A. Janshoff; *Elasticity Mapping of Pore-Suspending Native Cell Membranes*, small **5** No.7, 832-838 (2009)

[Man02] S. A. Mann, G. Hoffmann, A. Hengstenberg, W. Schuhmann und I. D. Dietzel; *Pulse-mode scanning ion conductance microscopy–a method to investigate cultu red hippocampal cells*, J. Neurosci. Methods **116**, 113-117 (2002)

[Man01] A. Mannelquist, H. Iwamoto, G. Szabo und Z. Shao; *Near-field optical microscopy with a vibrating probe in aqueous solution*, Appl. Phys. Lett. **78**, 2076-2078 (2001)

[Mat87] C. M. Mate, G. M. McClelland, R. Erlandsson und S. Chiang; *Atomic-scale friction of a tungsten tip on a graphite surface*, Phys. Rev. Lett. **59**, 1942-1945 (1987)

[Mir99] R. Mirsky und K. R. Jessen; *The Neurobiology of Schwann Cells*, Brain Pathology **9**, 293-311 (1999)

[Mon72] M. Montal und P. Müller; *Formation of bimolecular membranes from lipid monolayers and a study of their electrical properties*, Proc. Natl. Acad. Sci. U.S.A. **69**, 3561-3566 (1972)

[Mou94] J. Mou, J. Yang und Z. Shao; *Tris(hydroxymethyl)aminomethane (C4H11NO3) induced a ripple phase in supported unilamellar phospholipid bilayers*, Biochemistry **33**, 4439-4443 (1994)

[Moy96] P. J. Moyer und S. B. Kämmer; *High-resolution imaging using near-field scanning optical microscopy and shear force feedback in water*, Apll. Phys. Lett. **68**, 3380-3382 (1996)

[Mül63] P. Müller, D. O. Rudin, H. T. Tien und W. C. Wescott; *Methods for the formation of single bimolecular lipid membranes in aqueous solution*, J. Phys. Chem. B. **67**, 534-535 (1963)

[Mue00] H. Mueller, H.-J. Butt und E. Bamberg; *Adsorption of Membrane-Associated Proteins to Lipid Bilayers Studied with an Atomic Force Microscope: Myelin Basic Protein and Cytochrome c*, J. Phys. Chem. B. **104**, 4552-4559 (2000)

[Neh76] E. Neher und B. Sackmann; *Single-channel currents recorded from membrane of denervated frog muscle fibres*, Nature **260**, 799-802 (1976)

[Nit97] H. Nitz, J. Kamp und H. Fuchs; *A Combined Scanning Ion-Conductance and Shear-Force Microscope*, Probe Microscopy **1**, 187-200 (1997)

[Nor06] D. Norouzi M. M. Müller und M. Deserno; *How to determine local elastic properties of lipid bilayer membranes from atomic-force-microscope measurements: A theoretical analysis*, Phys. Rev. E: Stat. Nonlin. Soft Matter Phys. **74**, 061914 1-12 (1997)

[Nov09] P. Novak, C. Li, A. I. Shevchuk, R. Stepanyan, M. Caldwell, S. Hughes, T. G. Smart, J. Gorelik, V. P. Ostanin, M. J. Lab, G. W. J. Moss, G. I. Frolenkov, D.

Klenerman und Y. E. Korchev; *Nanoscale live-cell imaging using hopping probe ion conductance microscopy*, Nat. Meth. **6**, 279-281 (2009)

[Ova07] E. Ovalle-García und I. Ortega-Blake; *Joining patch-clamp and atomic force microscopy techniques for studying black lipid bilayers*, Appl. Phys. Lett. **91**, 093901 1-3 (2007)

[Pas01] D. Pastré, H. Iwamoto, J. Liu, G. Szabo und Z. Shao; *Characterization of AC mode scanning ion-conductance microscopy*, Ultramicroscopy **90**, 13-19 (2001)

[Pra90] C. B. Prater, B. Drake, S. A. C. Gould, H. G. Hansma und P. K. Hansma; *Scanning ion-conductance microscope and atomic force microscope*, Scanning **12**, 50-52 (1990)

[Pra91] C. B. Prater, P. K. Hansma, M. Tortonese und C. F. Quate; *Improved scanning ion-conductance microscope using microfabricated probes*, Rev. Sci. Instrum. **62**, 2634-2638 (1991)

[Pro96] R. Proksch, R. Lal, P. K. Hansma, D. Morse und G. Stucky; *Imaging the Internal External Pore Structure of Membranes in Fluid: TappingMode Scanning Ion Conductance Microscopy*, Biophys. J. **71**, 2155-2157 (1996)

[Put94] C. A. J. Putman, K. O. V. d. Werf, B. G. D. Grooth, N. F. V. Hulst und J. Greve; *Tapping mode atomic force microscopy in liquid*, Appl. Phys. Lett. **64**, 2454-2456 (1994)

[Rad94] M. Radmacher, J. P. Cleveland, M. Fritz, H. G. Hansma und P. K. Hansma; *Mapping interaction forces with the atomic force microscope*, Biophys. J. **66**, 2159-2165 (1994)

[Rad96] M. Radmacher, M. Fritz, C. M. Kacher, J. P. Cleveland und P. K. Hansma; *Measuring the viscoelastic properties of human platelets with the atomic force microscope*, Biophys. J. **70**, 556-567 (1994)

[Rhe07] J. Rheinlaender; *Bildenstehung bei der Rasterionenleitfähigkeitsmikroskopie*, Diplomarbeit angefertigt an der Westfälischen Wilhelms-Universität Münster (2007)

[Rhe09 a] J. Rheinlaender und T. E. Schäffer; *Scanning Ion Conductance Microscopy* In: Scanning Probe Microscopy of Functional Materials: Nanoscale Imaging and Spectroscopy, Springer Verlag, in press (2009)

[Rhe09 b] J. Rheinlaender und T. E. Schäffer; *Image formation, resolution, and height measurement in scanning ion conductance microscopy*, J. Appl. Phys **105**, 094905 (2009)

[Rie07] C. Riethmüller, T. E. Schäffer, F. Kienberger, W. Stracke und H. Oberleithner; *Vacuolar structures can be identified by AFM elasticity mapping*, Ultramicroscopy **107**, 895-901 (2007)

[Röm04] W. Römer und C. Steinem; *Impedance Analysis and Single-Channel Recordings on Nano-Black Lipid Membranes Based on Porous Alumina*, Biophys. J. **86**, 955-965 (2004)

[Rot03] A. M. Rothery, J. Gorelik, A. Bruckbauer, W. Yu, Y. E. Korchev und D. Klenerman; *A novel light source for SICM-SNOM of living cells*, J. Microsc. **209**, 94-101 (2003)

[Sch97] T. E. Schäffer, C. Ionescu-Zanetti, R. Proksch, M. Fritz, D. A. Walters, N. Almqvist, C. M. Zaremba, A. M. Belcher, B. L. Smith, G. D. Stucky, D. E. Morse und P. K. Hansma; *Does abalone nacre form by heteroepitaxial nucleation or by growth through mineral bridges?*, Chem. Mater. **9**, 1731-1740 (1997)

[Sch06 a] T. E. Schäffer, M. Böcker und B. Anczykowski; *Device for scanning a sample surface covered with a liquid* Patententschrift, eingereicht bei der World Intellectual Property Organization, Publikationsnummer: WO/2008/031618

[Sch00] C. Schmidt, M. Mayer und H. Vogel; *A Chip-Based Biosensor for the Functional Analysis of Single Ion Channels*, Angew. Chem, Int. Ed. **39**, 3137-3140 (2000)

[Sch06 b] E. K. Schmitt, M. Vrouenraets und C. Steinem; *Channel Activity of OmpF Monitored in Nano-BLMs*, Biophys. J. **91**, 2163-2171 (2006)

[Sch05] S. Schrot, C. Weidenfeller, T. E. Schäffer, H. Robenek und H.-J. Galla; *Influence of Hydrocortisone on the Mechanical Properties of the Cerebral Endothelium In Vitro*, Biophys. J. **89**, 3904-3910 (2005)

[Sch03] U.D. Schwarz; *A generalized analytical model for the elastic deformation of an adhesive contact between a sphere and a flat surface*, Journal of Colloid and Interface Science **261**, 99-106 (2003)

[Sha92] S. Shalom, K. Lieberman, A. Lewis und S. R. Cohen; *A Micropipette Force Probe Suitable For Near-Field Scanning Optical Microscopy*, Rev. Sci. Instrum. **63**, 4061-4065 (1992)

[She01] A. I. Shevchuk, J. Gorelik, S. E. Harding, M. J. Lab, D. Klenerman und Y. E. Korchev; *Simultaneous measurement of Ca^{2+} and cellular dynamics: combined scanning ion conductance and optical microscopy to study contracting cardiac myocytes*, Biophys. J. **81**, 1759-1764 (2001)

[She06] A. I. Shevchuk, G. I. Frolenkov, D. Sánchez, P. S. James, N. Freedman, M. J. Lab, R. Jones, D. Klenerman und Y. E. Korchev; *Imaging Proteins in Membranes of Living Cells by High-Resolution Scanning Ion Conductance Microscopy*, Angew. Chem. Int. Ed. **45**, 2212-2216 (2006)

[Sim86] M. Simionescu und N. Simionescu; *Functions of the endothelial cell surface*, Ann. Rev. Physiol. **48**, 279-293 (1986)

[Ste06] S. Steltenkamp, M. M. Müller, M. Deserno, Ch. Hennesthal, C. Steinem und A. Janshoff; *Mechanical Properties of Pore-Spanning Lipid Bilayers Probed by Atomic Force Microscopy*, Biophys. J. **91**, 217-226 (2006)

[Tan06] V. W. Tang; *Proteomic and bioinformatic analysis of epithelial tight junction reveals an unexpected cluster of synaptic molecules*, Biology Direct **1**:37 (2006)

[Tao92] N. J. Tao, S. M. Lindsay und S. Lees; *Measuring the microelastic properties of biological materials*, Biophys. J. **63**, 1165-1169 (1992)

[Tol92] R. Toledo-Crow, P. C. Yang, Y. Chen und M. Vaez-Iravani; *Near-field differential scanning optical microscope with atomic force regulation*, Appl. Phys. Lett. **60**, 2957-2959 (1992)

[Tra02] M. Traïkia, D. E. Warschawski, O. Lambert, J.-L. Rigaud und P. F. Devaux; *Asymmetrical Membranes and Surface Tension*, biophys. J. **83**, 1443-1454 (2002)

[Vro03] M. Vroemen und N. Weidner; *Purification of Schwann cells by selection of p75 low affinity nerve growth factor receptor expressing cells from adult peripheral nerve*, Journal of Neuroscience Methods **124**, 135-143 (2003)

[Wei07] D. Weiskopf, E. K. Schmitt, M. H. Klühr, S. K. Dertinger und C. Steinem; *Micro-BLMs on highly ordered porous silicon substrates: rupture process and lateral mobility*, Langmuir **23**, 9134-9139 (2007)

[Wer94] K. O. van der Werf, C. A. J. Putman, B. G. de Grooth und J. Greve; *Adhesion force imaging in air and liquid by adhesion mode atomic force microscopy*; Appl. Phys. Lett. **65**, 1195-1197 (1994)

[Wil04] S. J. Wilk, M. Goryll, G. M. Laws, S. M. Goodnick, T. J. Thornton, M. Saraniti, J. Tang und R. S. Eisenberg; *Teflon^{TM}-coated silicon apertures for supported lipid bilayer membranes*, Appl. Phys. Lett. **85**, 3307-3309 (2004)

[Zho93] Q. Zhong, D. Inniss, K. Kjoller und V. B. Elings; *Fractured polymer/silica fiber surface studied by tapping mode atomic force microscopy*, Surf. Sci. **290**, L688-L692 (1993)

Printed by Books on Demand GmbH, Norderstedt / Germany